名著文库的读者朋友们：

　　为自己读书，是最对得起付出的事！

　　抽出一点儿时间，读读好书吧！

梁晓声

2023年9月28日

北京

中学生课程化
名著文库

寂静的春天

[美]蕾切尔·卡森◎著

李强◎译

陕西师范大学出版总社

图书代号　　WX24N0213

图书在版编目（CIP）数据

寂静的春天 /（美）蕾切尔·卡森著；李强译 . — 西安：
陕西师范大学出版总社有限公司，2024.6
（中学生课程化名著文库 / 王笑东主编）
ISBN 978-7-5695-3812-0

Ⅰ.①寂…　Ⅱ.①蕾…　②李…　Ⅲ.①环境保护－青少年
读物　Ⅳ.① X-49

中国国家版本馆 CIP 数据核字（2023）第 154291 号

寂静的春天

JIJING DE CHUNTIAN

［美］蕾切尔·卡森　著　李　强　译

出 版 人	刘东风
特约编辑	林　丽
责任编辑	张　佩
责任校对	舒　敏
封面设计	王　鑫
出版发行	陕西师范大学出版总社
	（西安市长安南路 199 号　邮编 710062）
网　　址	http://www.snupg.com
印　　刷	天津旭丰源印刷有限公司
开　　本	787 mm×1092 mm　1/16
印　　张	13
字　　数	216 千
版　　次	2024 年 6 月第 1 版
印　　次	2024 年 6 月第 1 次印刷
书　　号	ISBN 978-7-5695-3812-0
定　　价	29.80 元

献给阿尔伯特·史怀哲

他说："人类已经失去远见，它将和地球一同走向毁灭。"

致　谢

　　一九五八年一月，奥尔加·哈金斯写信给我，告诉我她居住的小镇死气沉沉，令她感到十分痛苦。她的诉说使我立刻将注意力转向一个我关注已久的问题上。所以，撰写本书于我便是当务之急。

　　从那时开始，我不断收到鼓励和支持，原谅我无法一一列出他们的名字。美国及其他国家的政府机构、大学、科研院所以及社会各界的众多专业人士，无私地向我分享了他们多年来的研究发现和工作经验。在这里，我谨致以诚挚的敬意，感谢他们牺牲自己的宝贵时间，感谢他们慷慨分享自己的见解。

　　还有那些耗费时间阅读本书，并以自己的专业知识提出批评建议的人士，我也非常感谢你们。这本书的严谨性、可靠性由我来负责，但是也离不开以下专家学者的帮助，否则我不可能顺利完成它。他们是：梅奥医院的L.G.巴塞罗谬博士，得克萨斯州州立大学的约翰·J.比塞尔，西安大略大学的A.W.A.布朗，康涅狄格州西点军校的莫顿·S.毕斯凯德博士，荷兰植物保护局的C.J.布雷约，罗布和贝西·维尔德野生生物基金的科拉伦斯·科顿，克利夫兰医院的乔治·可瑞尔博士，康涅狄格州诺福克县的弗兰克·艾格勒，梅奥医院的马尔科姆·M.哈格雷，全美癌症研究所的

1

W.C.修珀博士，加拿大渔业研究协会的C.J.克斯维尔，荒野保护学会的奥劳丝·莫里尔，加拿大农业部的A.D.皮斯特，伊利诺伊州自然历史学会的托马斯·G.斯科特，塔夫特公众卫生工程中心的科拉伦斯·塔威尔和密歇根州州立大学的乔治·J.华莱士。

所有以广泛事实依据为基础的书，其写作过程都离不开图书管理员的大力支持。这本书同样如此。我要感谢给予我帮助的那些图书馆的工作人员，特别是内务部图书馆的艾达·K.约翰斯顿以及全美健康研究院图书馆的西尔玛·罗宾逊。

多年来，本书的编辑保罗·布鲁克斯一直给予我鼓励和支持，毫不抱怨我因私人问题而造成的出版推迟。我永远感谢他的宽容和娴熟的编辑能力。

在繁杂的资料收集整理工作中，多萝西·艾尔格、珍妮·戴维斯以及贝蒂·达夫给我提供了巨大的帮助。在写作过程中遇到了很多困难，是艾达·斯普罗悉心帮我料理家务，让我得以顺利完稿。

最后，我还想感谢许多不曾相见的人。正是他们使得这本书的创作有了意义。在肆无忌惮地毒害人类及其他生物的恶行面前，他们毫不退缩，勇于抗争。胜利一定属于他们，理智和常识将重新回归，世界将重归和谐。

蕾切尔·卡森

目　录
Contents

第一章　明日寓言

从前，美国中部的一个小镇，所有生物与周边环境融洽地共处着。小镇四周分布着一些农场，农田中种满庄稼，果园里果树成林，一派生机盎然的景象。春天，绿色的田野上开出白色的花朵，就像是天空飘浮的云朵。秋天，五彩缤纷的橡树、枫树、白桦，它们的色彩映照在松林上，如同火焰一般。山间传来狐狸的叫声，原野上无声地闪过小鹿的影迹，然后在秋日早晨的雾霭中忽隐忽现。

月桂树、荚蒾（mí）[1]、赤杨树、巨型蕨类植物还有野花遍布小路两侧，一年四季给人们带来赏心悦目的景色。就算是在冬天，这里的风景依旧动人。无数的鸟儿飞临这里，寻觅雪地上露出的浆果和草籽。种类繁多、数量巨大的鸟群光临这里，让这片郊野为更多人所注目。每逢春秋候鸟迁徙的季节，四面八方的人们奔赴这里观看。山间蜿蜒流出的溪水汇聚成一个个池塘，滋养出肥美的鳟（zūn）鱼，吸引不少人来到绿荫遮蔽的溪边垂钓。在有人来到这里建房、挖井、盖粮仓定居之前，此处的景象多

---

[1] 荚蒾：一种落叶灌木，夏季开花，花为白色。核果为深红色，成熟后可食用。

年不曾发生变化。

然后，像是有一股诡异的阴影笼罩住这里，一切都开始改变。发生了许多不祥而且可怕的事情：未知的瘟疫席卷鸡群，牛羊染病死亡。死神的影子无处不在。农民在家中谈论种种病症。镇上的医生面对这些说不出名称的疫病束手无策。被死神之手抓住的既有成人也有孩子。那些孩子是在玩耍时突然就感染了疾病，过不了几个小时就停止呼吸了。

小镇被一种诡异的寂静所遮蔽。比如说，鸟儿没有了踪影。人们谈到这件事感到十分难解、不安。后院里投喂鸟儿的地方废弃了。偶尔见到寥寥几只鸟儿，也是奄奄一息，身子战栗，不能飞起。春天一片静寂。过去，知更鸟、鸫（dōng）鸟[1]、鸽子、松鸦、鹪（jiāo）鹩（liáo）[2]和别的数十种鸟儿每逢黎明便放声吟唱，现在却不闻一声鸟鸣。田野、林地和沼泽，到处都是一片寂静。

农场里，母鸡照旧孵蛋，却不见小鸡破壳。农民们抱怨无法再继续养猪——新出生的猪崽个头儿太小，几天之后就会死去。苹果树照旧开花，但是没有飞舞的蜜蜂前来授粉，也就不会结出苹果了。

那往日里风光旖（yǐ）旎（nǐ）的小路两侧，现在是一片焦枯的草木，仿佛经历了一场大火。周围一片静寂，没有半点生气，连小溪也像是死去了一样。鱼儿不复存在，因此钓鱼者也不会再来。

在房檐下的雨水槽里，在房顶的瓦片中间，可以找到一种白色粉粒留下的痕迹。数周前，这些粉粒飘落在屋顶、草丛、田野和溪流，就像是下雪一样。

这既不是邪术作祟，也不是仇敌打击，而是人类本身在荼毒这片土地，在谋害这里的生灵。

这个小镇是假想的，但千百个这样的小镇也许就存在于美国或别的地方。我清楚我所描述的灾祸并没有全部降临在某座小镇上。但是，这些灾

---

[1] 鸫鸟：一种鸟，嘴细长而侧扁，翅膀长而平，善走，叫声好听。

[2] 鹪鹩：体长约10厘米的鸟，羽毛为赤褐色，略有黑褐色斑点，尾羽短而略向上翘，多在灌木丛中活动，以昆虫为食。

祸的确在某处发生，并且制造了严重的损失。可怖的幽灵悄悄迫近浑然无知的我们。沉重的现实和假想的悲剧可能只在转瞬之间。

是什么让难以计数的美国小镇在春天陷入死寂？本书试着回答这一问题。

第二章　忍耐的义务

地球生物史，其实就是地球生物与自身所处环境相互作用的历史。在地球上，自然环境是塑造动植物自然形态和生物习性的重要因素。在地球漫长的历史中，生物反作用于自然环境的力量是非常微小的。但是到了今天，人类这一全新的物种，具备了对抗自然的非常力量。

在过去的二十五年里，人类的力量不仅在量上发生了令人忧心的增长，而且其内在本质也发生了改变。大量有害有毒的污染物经由人类之手，流向天空、大地、江河与海洋，给自然带来了巨大的损害。很大程度上，这样的损害是不可弥补的，并且带来不可逆的连锁损害。地球和地球生物都不能幸免。在所有环境污染之中，化学药品所造成的危害，能够像辐射一样改变自然环境，同时改变环境中的生物本性。核爆释放出的锶-90随降雨或放射尘埃飘落地表，渗进土壤，然后被草、玉米、小麦或其他生长在那里的植物所吸收，最后进入人的骨骼，直到人体死亡。与之相同，施用在田地、树林或花园里的化学药品也在土壤中长久地积存，然后进入生物体内，随生物链流动，带来一连串中毒与死亡；在另一种情况中，这些化学药品被地下水裹挟着，流出地面后，遇到空气和阳光发生反应，生成新的物质，造成动植物的损害，同时在不知不觉中危害饮用地下水的人。就像德国哲人阿尔贝特·史怀哲说的那样："人类最不会辨认的，就是自己所创造出的恶魔。"

历经亿万年的演化，地球上才出现了现在的生物——在这漫长的过程当中，生物持续发展、进化、演变，这才实现了与自然环境的相互平衡。自然环境中有益、有害两种因素共存，对存身其中的生物施以严格的控制与影响。一些岩石释放出有害的射线，向万物提供能量的太阳光里也包含有害的短波射线。地球上生物自发调节以维持平衡，这种过程历经千万年方能实现。时间最为关键，但是当前社会的飞速发展却等不了那么长久。

急速而来的变化和不断涌现的新状况，暴露出人类的莽撞与短视，已经不容许大自然从容地进行调整。岩石、宇宙辐射、太阳紫外线等在生物出现前就已存在的天然辐射源之外，人类通过干预原子制造出了新的射线。原本生物需要适应的化学物质只是从岩石上脱落下来，随河流进入海洋的钙、硅、铜及其他无机物；而现在，还多了人类运用智慧在实验室中合成的种种人工化合物，它们在自然界中不存在对应物质。

在自然环境的发展过程中，几年、几十年的时间不足以调整适应这些新生化合物，几代人的时间才能够实现。但是，纵然有奇迹发生，耗费几代人的时间去进行调整也是徒然。实验室中不断有新的化合物被合成，只美国一个国家，每年就会有五百多种新的人工合成物投入生产利用。这是一个触目惊心的数字，其造成的后果很难预料——人与动物每年面临五百多种全新化学药品的考验，五百多种生物体从未接触过的未知物质！

在这些物质当中，很多被用来对抗自然环境。从二十世纪四十年代中期开始，两百多种基础化学药品被研制出来，为的是杀死昆虫、野草、啮齿动物和别的被现代人看作"害虫"的生物；这些药品被冠以几千种商品名销售。

现在，喷洒式农药、粉末式农药和气雾式农药被广泛地应用于农场、果园、林业和家庭，这些化学药品没有选择性地杀死所有益虫和害虫，使鸟儿不再鸣唱，使鱼儿不再欢跃，使树叶被一层要命的毒膜覆盖，并且在土壤里长久地聚集。仅仅是为了杀死一些害虫，却带来了这么多危险的副作用。如此巨量的毒药洒向了大地，却有人声称不会造成危害，这样的谎言谁会相信？与其称这些化学药品是"杀虫剂"，不如说是"杀生剂"！

对杀虫剂的使用呈螺旋上升趋势。从DDT[1]投入使用开始，形成了一种恶性趋势：不断有更多毒性更强的化合物被合成出来。这是因为昆虫对杀虫剂产生耐受，这也符合达尔文的"适者生存"理论。这样，人类不得不开发出一种又一种毒性更大的化学药品。出现这种状况，也是由于后边会分析的一个原因，即使用了杀虫剂之后，会有更多害虫反扑而来，甚至多于使用毒药之前。这样看来，地球上的所有生物都将不可避免地卷入这场化学药品之战。

除了核战争，人类的存亡在当前这个时代还面临另一个中心问题——自然环境被污染。一些存在未知危害的物质，侵入动植物体内，甚至对生殖细胞产生影响，使其中决定性状的遗传物质受到破坏和变异。

一些自诩能够为人类设计未来的人士，期望通过人工干预定向改变人类的遗传物质。可是，我们无意中已经做到了这一点，许多化学制剂能像辐射一样引发基因突变。试想，使用杀虫剂这样的小事竟然能够对人类的未来产生影响，这真是莫大的讽刺！

人类承担如此巨大的风险，所为何来？我们在利害抉择之前所表现出的拙劣的判断力，将会使未来的历史学者感到难以置信。人类本应是理性的，本不该为了消灭少量讨厌的昆虫而牺牲掉整个自然环境，让自己受到疾病与死亡的威胁，可是人类确实做出了这样愚蠢的事情！并且，人类给出的理由荒诞不经。我们听到的理由是，为了保证农业丰收不得不这样做。可是，我们面临的问题难道不是"过剩的产量"吗？尽管我们不再干预耕地面积，补贴农场主以使他们减少生产，但是农作物产量依旧惊人。只是在一九六二年，美国就耗费了十亿多税费来储存多余的粮食。据说，

---

[1] DDT：化学名为双对氯苯基三氯乙烷，英文为 dichloro-diphenyl-trichloro-ethane，"DDT"是其首字母缩写。

农业部有个部门尝试削减耕地面积时，另一个部门提出反对："通过补贴来削减耕地面积，通常会提高农民使用农药的意愿，以提高耕种土地的亩产量。"（类似情形在一九五八年确曾发生。）

以上所说与防控害虫问题并不矛盾，也不是说可以无视害虫问题。我认为，防治害虫要贴合实际，不能想当然，最重要的是不能在消灭害虫的同时伤害到人类。

我们的出发点是解决问题，但从最初就酿下了一个又一个苦果，这似乎已经成为现代文明的痼（gù）疾。昆虫在地球上出现，要比人类早上很多年——这类生物种属庞杂，有极强的适应性。人类登场以后，仅仅与少量昆虫发生了利益冲突，而它们的种类高达五十多万种。冲突有两种表现形式：与人类争夺食物；传播人类疾病。

人类聚集的地方，带有致病因子的昆虫变成巨大的危害，特别是在发生自然灾害、战乱或者极端穷困的地方，因为这里的卫生条件往往堪忧。在这种情况下，防治昆虫十分必要。但是，也需要清醒地认识到，化学制剂的大量使用，不仅效果有限，而且可能使得情况更加糟糕。

在原始农业时期，农民很少面临昆虫问题。等到农业进入集约化发展阶段——大面积田地上种植单一作物，这样的问题开始显露。在大面积种植某种植物的土地上，可能会有某一种昆虫爆炸式增长。一种植物集中生长在一片区域不是自然规律的体现，而是农业工程师的工作产物。自然环境千变万化，人类却要将其改造得千篇一律。于是，自然环境原有的制衡与和谐被破坏，自然环境中的物种稳定也就不复存在。和谐的自然环境中，适宜每个物种生存的环境是受到限制的。显然，某种吃小麦的昆虫在大片麦田里能够快速繁殖，而在小麦与其他作物混杂的土地上就不会有这样快的速度。

无独有偶。三十多年以前，榆树占领了美国大城镇的道路两侧。可是现在，榆树被一种由甲虫所携带的疾病侵扰，被人们寄予期待的美丽景观濒临毁灭。当初要是把这些榆树跟其他种类的树木混杂栽种，甲虫就不会这么猖狂地繁殖幼体、传播疾病了。

需要从地质历史及人类历史的角度，才能分析现代昆虫问题的成因：上千种不同种类的生物从原先生活的地区侵入新的地方。英国的生态学者查尔斯·艾尔顿在他的新作《入侵生态学》中详细解读了世界范围内的大迁徙。在遥远的白垩（è）纪，连通各大洲的路桥被肆虐的洪水切断，大量生物困在了艾尔顿称为"大型自然隔离区"的地方。被困的物种因为与同类分离，进化出了众多新的物种。大约一千五百万年前，有一些大陆板块重新连接，使这些物种向新的地方迁移——这样的现象持续至今，而且受到人类活动的推动。

　　植物迁徙带动动物迁徙，因此植物的进出口就成为今天昆虫种属扩散的一大渠道。卫生检疫是最近才开始的，而且不能完全起效。单是美国植物引进局就把世界各地的约二十万种植物引入了国内。美国国内的一百八十多种植物害虫里，将近一半是无意中从海外引入的，其中多数通过进口植物进入美国。

　　在缺乏天敌的新环境中，外来的动植物快速繁殖。所以，外来的昆虫往往最难以控制。

　　在自然作用或人为因素推动下发生的物种侵袭，会接连不断地出现。卫生检疫和化学药剂防治只是一种金钱换时间的手段。针对这样的状况，艾尔顿博士提出："面对生死考验，仅仅是找到控制某种生物的新技术，还远远不够。还要具备生物繁殖的基本知识，清楚其与自然环境的联系，从而保护生态平衡，防止虫灾的发生，防御新物种的侵袭。"

　　很多摆在眼前的常识被我们无视。大学培养出生态学人才，政府里也有生态学专家任职，可是他们的建议很少被听取。我们看着化学制剂像下雨一样被洒落却无动于衷，好像这是唯一可行的措施。实际上还有很多良策可供选择。我们的智慧如果有机会施展，定能找到更好的替代方案。

　　我们似乎丢失了明辨好坏的理智与技巧，而把低劣的、有害的事物看得无比重要，是什么麻痹了我们的头脑？对此，生物学者保罗·谢帕德这样说："为了摆脱穷困而生活在濒临破坏的环境中，这便是我们的理想吗？……为什么我们要忍受有毒的食物，忍受在死寂的环境中居住？为什么我们要忍受与不一定是敌人的生物之间的战争，忍受烦人的马达噪声？这样一个尚容苟活的世界，就应该让我们满足吗？"

可是，这样的世界离我们越来越近。很多专家和所谓害虫防治部门狂热地认为，利用化学手段建造一个杜绝昆虫的世界是可行的。多方证据表明，极力主张使用杀虫剂的个人和团体玩忽职守，没有正确使用手中的职权。康涅狄格州昆虫学者尼里·特纳说："管理部门的昆虫专家，同时承担着检察官、法官、陪审团、税务评估人员、税务征收人员和行政官员等多种职能，自己发布命令，自己执行。"然而此类滥用职权的现象却得到州政府和联邦政府的纵容。

禁止使用杀虫剂不是我的本意。可是，不加区分地把有巨大威胁的有毒药品交给不了解其危害的人，这样的做法我无法苟同。民众被迫接触有毒害的药剂，尽管他们并未同意甚至是被欺瞒。假如民权法案中不存在"保证公民不受个人或政府使用有毒农药所伤害"的条例，那仅仅是因为我们的前人富有远见，但也不能预测这样的麻烦。

另外，我需要强调的是，这些化学药品对土壤、水源、野生生物以及人类的影响都是未经验证的，但是已经被投入使用。自然环境孕育了万物，却得不到我们的爱护，我们的行为一定会被后人唾弃。

对自然环境所受的损害我们依旧所知有限。现在社会上到处都是"专家"，他们局限于自己的专业领域，缺乏用宏观视角看待问题的意识。现在整个社会都被工业主导，金钱是唯一的导向，几乎没有哪种牺牲会被责问。当公众因杀虫剂造成的显著危害而发动抗争时，得到的只是一些混杂着谎言的公关话语。大量民众承担着杀虫剂带来的威胁。民众一定要做出抉择，是不是要改变现状。可是如果他们不明真相，也就不能做出正确的选择。法国生物学者、伦理学者让·路斯坦德说过："忍耐是我们的义务，了解真相更是我们的权利。"

第三章　死神的灵药

今天的每个人自胎儿期至生命结束，都不可避免地接触到种种危险的化学药品，这样的状况是前所未有的。人类制造杀虫剂的历史还不到二十年，生物和非生物已经在各个方面受其影响。它们的踪迹遍布各个水系，甚至存在于肉眼不可见的地下水中。十几年前使用的农药仍然残留在土壤之中。杀虫剂在鱼类、鸟儿、爬行动物、家庭饲养动物和野生动物体内扩散。科学家通过在动物身上实验证明，任何动物都无法逃脱。偏僻高山湖泊中的游鱼，土壤里钻来钻去的蚯蚓，鸟蛋，甚至人的体内，都发现了农药残留。现在，所有年龄段的人体内都存在农药残留，甚至在母乳和胎儿组织里也有。

这一切的罪魁祸首是人工合成杀虫剂产业的飞速发展。这一产业发轫于第二次世界大战。在化学武器的研发过程中，人们发现实验室里研制出的某些化合物可以杀死昆虫。这其实不是偶然，因为昆虫曾经被作为试验品来验证化学武器对人类的杀伤效果。

于是，不断有新的合成杀虫剂从实验室里问世。与第二次世界大战前生产杀虫剂的技术不同，这些人工合成的杀虫剂运用了微观控制分子、改换原子、改变序列等技术。而战前的杀虫剂则从天然矿物和植物中提取：

砷、铜、铅、锰、锌和其他元素的化合物；来自干枯菊花的除虫菊酯，来自烟草及同类植物的硫酸烟碱，还有来自东印度群岛豆科植物的鱼藤酮（tóng）等。

此类全新合成的杀虫剂生物效能巨大，截然不同于以往的产品。它们药力极强，不仅毒害生物，而且干扰生命进程，引发致命的病变。所以，我们会看到，为机体提供免疫的酶被它们破坏，人体获取能量的氧化反应被它们阻碍，诸多器官无法正常工作，还会有一些细胞发生迟缓但不可逆的变化，从而导致恶性病变。

可是，药力惊人的新产品每年都在大量面世，并在全世界的各个角落投入使用。一九四七年到一九六〇年，美国合成杀虫药剂的产量，从一亿两千四百二十五万九千磅增长至六亿三千七百六十六万六千磅，增长了五倍多，批发金额超过两亿五千万美元。而这仅仅是蓬勃发展的化工产业的开始而已。

所以，我们非常需要一部杀虫剂名册。既然我们不可避免地要与这些药品打交道，不可避免地通过吃喝与它们接触，那清楚它们的性质和危害无疑是很有必要的。

虽然从第二次世界大战开始，神奇的碳基化合物替代无机化合物成为杀虫剂的主流，但几种旧原料仍在使用。其中就有砷，很多除草剂和杀虫药还以它为主要成分。砷是一种无机物，有剧毒，广泛存在于各类金属矿石中，少量存在于火山、海洋以及泉水中。砷在人类历史上有过很大的影响。砷的化合物大多没有气味，因此早在波吉亚[1]时代，它就开始作为谋杀利器被使用。大约两百年前，一位英国医生发现，烟囱的烟灰里存在砷与芳香烃（tīng）化合而成的致癌物。很久以来，人群中发生慢性砷中毒的事件一直有记载。自然环境中扩散的砷还毒害了马、牛、羊、猪、鹿、鱼、蜂等动物。尽管有这些教训，对砷喷雾剂和砷粉剂的使用仍然广泛。

---

[1] 波吉亚：波吉亚家族是十五、十六世纪影响整个欧洲的西班牙裔意大利贵族家庭，在权谋斗争中常使用一种名为"坎特雷拉"的无色无味毒药谋害政敌，因而恶名昭著。

在美国南部，喷洒在棉田里的砷断送了蜜蜂养殖业的前景，农民在长期使用砷粉之后遭受慢性中毒，牲畜也被含砷杀虫剂、除草剂毒害。施用在蓝莓果园的砷粉剂飘散到附近的农场，污染水源，毒害蜜蜂和母牛，进而威胁人类的性命。全美癌症研究中心的环境致癌研究专家 W.C. 修珀博士认为："……在对待含砷化合物的问题上，公众的健康被漠视，这是十分糟糕的态度。所有见识过粉类和喷雾式砷类杀虫剂使用过程的人，都不能不对这样剧毒的药品被滥用而痛心疾首。"

现在的杀虫剂毒性远比砷合成物大。这些杀虫剂可以分成两类：一类是 DDT 为代表的氯代烃化合物，另一类是更常见的马拉硫磷和以对硫磷为代表的有机磷杀虫剂。前文我们已经谈过，这两类杀虫剂有一个相同点：它们的主要成分是构成生命必不可少的碳元素，也就是说，它们属于"有机物"。想要了解这些杀虫剂，我们要清楚它们的成分，清楚其如何参与生物体的化学反应，如何在生物体内部产生致死物质。

碳原子具备这样一种特性：能够以链状、环状或者其他形式相互组合，也能够与其他元素的原子结合。其实，从微生物到庞大的蓝鲸，自然界的物种如此多样正是由于碳的这种属性。碳是构成脂质、碳水化合物、酶和维生素的主要元素，当然蛋白质也是如此。碳不仅存在于生物体内，也存在于很多非生物当中。

碳氢的简单组合构成了一些有机化合物，最简单的是甲烷（wán）（俗称"沼气"）。其在自然界中由细菌分解水下的有机物产生。煤矿中可怕的"瓦斯"，就是混合了一定比例的甲烷。它的结构十分简单，由一个碳原子和四个氢原子构成：

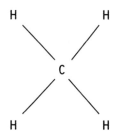

化学家们研究发现，可以将其中一个或全部氢原子替换成别的元素。比如，将其中一个氢原子替换成氯原子，从而得到氯甲烷：

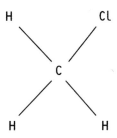

将其中三个氢原子都替换成氯原子，从而得到氯仿：

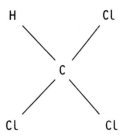

把四个氢原子都用氯原子替代，就得到了最常用的清洗剂——四氯化碳：

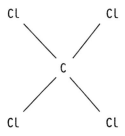

简而言之，甲烷分子的这些变化只是对氯代烃生成机理的简单抽象，

但远不足以说明烃的复杂性，更不足以代表复杂多样的有机物合成技术。不仅仅是单一碳原子的甲烷，多个碳原子的碳水化合物分子也能被化学家改变。这些化合物的分子结构复杂，碳原子的连接方式多样，环状、链状、侧链还有支链。化学键之间除了氢原子和氯原子，还有各种官能团。结构上的些微变化，就会带来物质化学性质的改变。不同元素以不同位置在碳原子上的附着，其结果是千差万别的。微观上如此精微的操作，催生出大量毒性强大的药品。

一八七四年，一位德国化学家在攻读博士时合成了 DDT，但它可以作为杀虫剂使用的性能直到一九三九年才被发现。紧接着，DDT 因为能够终结害虫传播的疾病，能够帮农民快速消灭庄稼虫害，而赢得了巨大的赞誉。发现 DDT 杀虫功效的瑞士化学家保罗·米勒因此被授予诺贝尔生理或医学奖。

现在，DDT 的应用是如此广泛，以至被大多数人当作没有危害的日用品。使"DDT 无害论"深入人心的原因或许是它最早的使用场景：战争期间，为了消灭虱子，DDT 粉剂被喷洒在成千上万的战士、民众和俘虏身上。所以，人们普遍持这种观点：这么多人近距离接触了 DDT 而没有受到伤害，那这种药品一定是安全无害的。问题是，DDT 与其他氯代烃类化合物不同，粉末状态下不易穿透皮肤，但溶于油剂就毒性大增。吞咽进入消化道后会被慢慢吸收，还能在肺部被吸收。一旦被人体吸收，DDT 就会大量积聚在肾上腺、睾丸和甲状腺等脂质聚集的器官（DDT 具有脂溶性）。在肝脏、肾脏以及保护肠道的肠系膜脂肪中，也会存在相当一部分 DDT。

我们所能想象到的极微量的 DDT，在进入人体之后就会开始积聚，最终会达到一个惊人的数量。脂质含量丰富的人体内脏器官会起到一种生物放大器的效果，哪怕摄入的食物中含有 0.1ppm[1] 也会在体内积聚 10ppm 到

---

[1] ppm：ppm 浓度（parts per million）是用溶质质量占溶液总质量的百万分比来表示的浓度，又叫百万分比浓度，常用于浓度非常小的情况，与之相似的还有十亿分比浓度 ppb（parts per billion）。

15ppm，增长一百多倍。化学家和药理学家熟悉这些数据，但对我们大多数人来说是陌生的。1ppm听上去是个微不足道的数值——实际上确实非常少。可是这种药品的毒性极强，摄入一星半点都会对机体造成重大影响。通过动物实验发现，摄入3ppm的DDT，心肌里的一种酶就会失去活性；摄入5ppm就会破坏肝细胞；只需摄入2.5ppm的DDT同类化合物狄氏剂和氯丹，就会出现相似的情况。

以上所说绝非胡言。正常人体内进行的化学变化中，确实存在这样小原因带来大后果的情况。例如，0.0002克碘就是健康跟疾病之间的分界线。这些微量的杀虫剂不断在人体内积聚，却只能缓慢地代谢出去，因此慢性中毒和器官衰竭绝不是无稽之谈。

就人体内能够积聚多少DDT这个问题，科学家们尚未形成一致的结论。全美食品药品管理局首席专家阿诺德·莱曼博士说："不存在人体积聚DDT数量的上限与下限。"可是，全美公共卫生局的维兰·海思博士坚持说："在每个人体内存在一个临界值，超过这个数量的DDT会随代谢排出人体。"实际上，争论这二者的对错没有意义。我们详细调查了人体内积聚DDT的情况，得出的结论是，体内积聚有DDT的人都受到潜在的危害。许多研究结果显示，无准确DDT接触记录的普通人（不包括饮食中无法避免的残留）体内平均积聚量为5.3ppm到7.4ppm；农民体内的积聚量为17.1ppm；杀虫剂生产工人体内的积聚量高达648ppm！这说明，DDT在人体内的积聚数量确实会有很大的浮动，现有的研究已经证明了这一点。更严重的是，研究发现，极微量的DDT积聚在人体内，都会带来肝脏等器官组织的损害。

DDT和同族化合物能够沿着食物链在生物体内扩散，这是它们最可怕的特点之一。举个例子，苜蓿[1]地里施用了DDT粉剂，接着把苜蓿作为饲料喂鸡，然后鸡产下含有DDT的鸡蛋。再举个例子，饲养奶牛的

---

[1] 苜蓿：多年生草本植物，叶子是三片长圆形小叶组成的复叶。苜蓿是一种重要的牧草和绿肥作物。

干草含有 7ppm 到 8ppm 的 DDT 残留，于是产下的牛奶就含有 3ppm 的 DDT，而用这样的牛奶制成的黄油将含有浓度高达 65ppm 的 DDT！一开始微小的 DDT 剂量，在这样的逐级传递中，最后会达到一个奇高的剂量。食品药品管理部门明令禁止含有杀虫剂残留的牛奶流向市场，但是农民在现实中几乎不能找到无污染的草料。

有毒物质还会从母亲传递给孩子。食品药品管理部门的专家通过抽样调查在母乳中发现了杀虫剂残留。这样一来，胚胎时期已经接触了有毒物质的婴儿，还会从母乳中继续吸入。通过在动物身上实验发现，母体与胚胎之间隔离有害物质的屏障——胎盘，轻易就被氯代烃类化合物渗透了。通过这种方式进入胎儿的有害物质虽然极少，但胎儿远比成人娇弱，因此不能轻视。这种情况意味着，今天的人们从胚胎期就要受到化学药品残留的影响。

在这些事实面前——有害物质积少成多，平常饮食中也会摄入残留毒物，由此带来不同程度的肝脏损伤——全美食品药品管理部门的专家于一九五〇年宣布："很可能忽视了 DDT 的潜在危害。"这些状况在医学发展史上是前所未有的。无人知晓其后果如何。

还有一种氯代烃——氯丹，具有 DDT 的所有毒性，并且还独有一些属性。它能长期在土壤、食品和喷洒过药品的物体表面滞留。氯丹进入人体的途径可谓五花八门：能通过皮肤进入人体，喷剂和粉剂能从呼吸道进入人体，而残留在食物上还可以从口中进入消化道。同其他氯代烃类化合物一样，氯丹残留会在生物体内不断累积。假如用含有 2.5ppm 氯丹的食物饲喂实验动物，最后则可能在实验动物的脂肪中检测到高达 75ppm 的氯丹含量。

经验丰富的药物学家李赫曼曾在一九五〇年提出："氯丹是最危险的杀虫剂之一，一旦人接触到了它，中毒是肯定的。"可是，李赫曼的警告不曾引起公众的重视，这从郊区住户无所顾忌地使用氯丹整治草坪可以看出。使用氯丹的住户现在安然无恙，但有毒物质可能已经在他们身体里潜伏，几个月甚至几年之后突然发难，到那时找出真正的病因将变得非常困难。不过某些时候，毒药很快便会致死。有一位不幸的人失手将 25% 浓度的工业溶液泼洒在皮肤上，四十分钟以后就出现中毒症状，来不及抢救便停止了呼吸。造成这种悲剧的原因之一，便是人们缺乏对氯丹毒性的认识。

七氯作为氯丹的成分之一，被作为一种单独的药品在市场上售卖。它能顽固地在脂肪中积聚。通过食物摄入 0.1ppm 的七氯，体内的残留物就可以被检测到。它还有一种稀奇的属性，即改变为另一种新的物质——环氧七氯。发生这种改变的地方可以是土壤或者动植物的组织。通过在鸟类身上实验发现，环氧七氯的毒性变得更强，四倍于氯丹。

还是在二十世纪三十年代的时候，氯化萘（nài）这样一种特殊的烃类就被发现与肝炎和肝脏绝症有关联。长期接触这种物质的人即是明证，有一些电气工人患肝病身亡。近来，农业从业者发现，氯化萘也会给奶牛带来怪病。基于这些例子，推断出与氯化萘同类的杀虫剂在烃类化合物中具有最强毒性，也就是理所当然的了。同类的杀虫剂包括：狄氏剂、艾氏剂以及异狄氏剂。

狄氏剂是德国化学家狄尔思发明的，因此得名。假如进入消化道，狄氏剂的毒性相当于 DDT 的五倍；假如以溶液的形式接触到皮肤，则毒性是 DDT 的四十倍。狄氏剂毒发迅速，严重干扰神经系统，使患者全身抽搐，其情状让人惊惧。一旦狄氏剂中毒，将面临漫长的恢复过程，说明其危害是长期的。狄氏剂具有氯代烃族物质的通性，即严重损害肝脏。虽然这种药剂会造成野生动物的灭顶之灾，但至今还是使用最多的杀虫剂之一。在鹌鹑和野鸡身上的实验发现，狄氏剂的毒性大概相当于 DDT 的四十到五十倍。

现在，狄氏剂是如何在人体内积聚、分散和排出的，仍旧不得而知。人们了解杀虫剂毒性的脚步跟不上化学家创造新药的速度。可是，有很多迹象显示，狄氏剂在人体内长期积聚，就像是一座蓄势待发的火山，等身体需要消耗脂肪，积聚的狄氏剂残留便会发难。世界卫生组织抗击疟疾的工作为我们认识狄氏剂的危害提供了经验指导。因为 DDT 已经引起了疟蚊的抗药性，所以狄氏剂被作为替代品投入使用。可是很快便有多位喷药人员中毒。情况非常紧急——超过一半的中毒者（接触药品的程度不同中毒情况也不一样）开始全身抽搐，不少最后不治身亡。某些人在接触狄氏剂四个月之后，还会有全身抽搐的情况。

艾氏剂是一种神秘的化合物，与狄氏剂的关系非常紧密，但又是单独的一种药剂。施用过艾氏剂的土地里长出的胡萝卜中，可以检测到狄氏剂的残留。这样的神奇转化会在土壤和生物体中发生，并且带来了不少错误的报道。例如，化学家被误导，以为使用艾氏剂不会造成残留。实际上，残留物只是以狄氏剂的形式存在，所以检测方法需要改变。

艾氏剂跟狄氏剂一样有毒，会损伤肝肾功能。像阿司匹林片那样大小的剂量足以杀死四百多只鹌（ān）鹑（chún）。艾氏剂人中毒案例多数与工业处理相关。

像大多数烃类杀虫剂那样，艾氏剂带来一道可怕的阴影笼罩住未来——不孕症。极少的艾氏剂被野鸡吃下后，虽不会造成它的死亡却会使产蛋量减少，而即使孵出了小鸡也不能顺利长大。不仅仅是在鸟类当中存在这样的状况。母鼠受到艾氏剂的影响也会减少怀孕次数，产下的幼鼠虚弱不堪难以长大。中毒的母狗生下的小狗最多只能存活三天。从这些案例中不难看出，艾氏剂可以从母体流向下一代并且以各种方式产生危害。艾氏剂残留会不会给人类带来相同的危害，这不得而知，但是这种毒药已经从飞机上飘洒向郊外和田野。

异狄氏剂是毒性最强的氯代烃类农药。其化学结构与狄氏剂非常接近，但一个微小的区别使它具有五倍于狄氏剂的毒性。与毒性强大的异狄氏剂相比，杀虫剂鼻祖DDT的毒性完全不值一提。异狄氏剂对于哺乳动物、鱼类和某些鸟类的毒性分别相当于DDT的十五倍、三十倍和三百倍。

异狄氏剂投入使用的十年间，毒死了大量的鱼类，毒害了误入喷过药的果园的牲畜，污染了泉水。起码已经有一个州的卫生部门发出严正警告：盲目地使用异狄氏剂，将会对人类的生命造成威胁！

有一起惨痛的异狄氏剂中毒事件，在这次事件中异狄氏剂并没有被"乱用"：喷洒前的防护措施十分到位。一个一岁大的美国男婴被父母带到委内瑞拉定居。他们的新家被很多蟑螂占领。他的父母几天后在家里喷洒了异狄氏剂喷雾来消灭蟑螂。婴儿和宠物狗在上午九点开始喷药之前被带出家门。喷完药后，家里的各处地面还进行了清洗。到下午三四点，父母把婴儿和小狗接回了家。过了大约一个小时，宠物狗开始呕吐、抽搐，没过多久便死掉了。这天晚上十点，婴儿同样开始呕吐、抽搐，接着昏迷不醒。一个正常的、健康的婴儿，被异狄氏剂变成了一个没有视觉、没有听觉、浑身不住地抽动的植物人，对外界刺激毫无感知。这个婴儿被送进纽约的大医院，但几个月的治疗没有带来丝毫的改变，也没有丝毫好转的迹象。主治大夫说："几乎看不到康复的希望。"

　　另一大类杀虫剂——磷酸烷基酯和有机磷酸酯，是全世界毒害最大的化合物。喷洒农药的人，无意中接触到农药漂浮物、农药包装罐以及被药剂沾染的植物的人，都有可能急性中毒。这是它们最主要、最显著的害处。佛罗里达州的两个儿童捡到一个空口袋，用它修补了秋千。很快，这俩儿童就死了，一起玩耍的三个伙伴也得了病。这是一个装过对硫磷的袋子——那是一种磷酸酯类杀虫剂。调查得出的结论是受害人死于对硫磷中毒。同样的事情还发生在威斯康星州的一对堂兄弟身上。其中一个在自己家院子里玩耍，他父亲在相邻的田地里给马铃薯喷洒对硫磷，药剂随风飘散到院子里；另一个跟着父亲走进了仓库，用手触摸了喷雾器的喷头。

　　具有讽刺意味的是这些杀虫剂的起源。某些化合物，比如有机磷酸酯，早已广为人知，但直到二十世纪三十年代末，德国化学家哈德·施拉德才发现了它在杀灭昆虫上的特性。差不多也是在这时，德国政府看到了化学合成物在战争中应用的巨大潜力，于是开始秘密地进行研发。研发成果的一部分是大规模杀伤性神经毒气，另一部分化学成分接近的则被作为杀虫剂。

　　有机磷酸酯杀虫剂干扰生物体的方式是特别的，是通过破坏生物体内的酶，而酶在生物体的生命活动中是不可缺少的。这类杀虫剂的作用目标是生物体的神经系统，不管受害的是昆虫还是恒温动物。正常而言，神经电信号通过乙酰（xiān）胆碱这样一种"化学传导器"实现在神经之间的传递。传递过程结束后，发挥了重要作用的乙酰胆碱就快速消失了。乙酰胆碱在机体内的存在是非常短暂的，不采用特殊方法，医学研究者几乎无法在其消失前提取样品进行检测。这种神经递质的快速代谢是机体维持正常生理活动所必需的。假如一次神经冲动传递过后，乙酰胆碱依然存在，那么神经冲动的电信号就会连续传导下去，乙酰胆碱的作用会被加强，引起整个运动神经系统的混乱，使机体表现出抽搐、战栗、肌肉痉挛等情状，最终直至死亡。

生物体进化出了应对这类非正常情况的机制。当机体需要抑制乙酰胆碱时，一种保护性酶——胆碱酯酶就会发挥作用分解掉乙酰胆碱。体内的乙酰胆碱始终精准地处在安全的数量中，从而实现机体的平衡。可是，磷酸酯类杀虫剂会破坏保护性酶，减少酶的数量，这样乙酰胆碱就会增加。在对神经系统的危害性上，磷酸酯类物质和天然生物碱毒蕈（xùn）碱相近，这种物质存在于一种名为毒蝇伞的剧毒菌类中。

经常接触这类有毒化合物的人，体内的胆碱酶数量会减少，从而不断接近毒物发作的临界点。所以，喷洒农药和经常接触农药的人需要定期进行血液检查。

对硫磷是用途最广泛的有机磷酸酯之一，药效最好、毒性也最大。蜜蜂接触了对硫磷，会表现出"癫狂、躁动"的中毒症状，激烈地飞舞个不停，不到三十分钟就会死去。有一位化学家为了研究对硫磷致人中毒的剂量，采用了最直接的以身试毒的方法，吞下了极其微量的对硫磷（只合0.00424盎司[1]），很快就全身动弹不得，来不及服下手边备好的解药就一命呜呼了。听说对硫磷在芬兰已经成为自杀者的首选。这几年，加州发生的对硫磷意外事件达到平均每年两百多起。对硫磷中毒的死亡率在全世界

---

[1] 盎司：英美制质量或重量单位。1 盎司合 28.3495 克。

都是惊人的。在一九五八年这一年当中，印度发生了一百起对硫磷中毒致死案件，叙利亚发生了六十七起。平均每年有三百三十六起对硫磷死亡案件发生在日本。

就算是这样，现在在美国仍有七百万磅对硫磷被洒向农田和果园，通过手动喷雾器、电动鼓风器、喷粉器和飞机喷洒等方式。一位医学专家说，光是施用在加州农田里的对硫磷就"足以毒死全世界人口五到十次"。

人类现在还没有灭绝的原因是，对硫磷和它的同类杀虫剂会在很短的时间内分解。相比于烃类杀虫剂，它在作物上残留的时间较短，可是仍能造成伤害，带来死亡的威胁。位于加州洛杉矶的河畔县，有三十个采摘柑橘的人，其中十一个中毒严重，除一人外都被送往医院抢救。他们表现出的正是典型的对硫磷中毒的症状。大约二十天以前在柑橘园内喷洒了对硫磷，十六到十九天后残留物还会使人出现干呕、视物不清、接近昏迷等中毒现象。对硫磷的残留时间纪录不止于此。在采摘季节开始前一个月施用对硫磷的柑橘园同样发生过人员中毒事件，按照标准喷洒量施用的柑橘果树上，在六个月后依然在柑橘皮里发现了对硫磷残留。

在田地、果园和葡萄园里喷洒杀虫剂的工人们饱受对硫磷之苦，因此施用这类药剂的州建立了一些实验室，旨在帮助医生进行诊治。处理病人的医生必须戴好橡胶手套，否则会有二次中毒的风险。为中毒患者清洁衣物的女工也会因为接触了足量的对硫磷残留而存在中毒的风险。

另外一种有机磷酸酯——马拉硫磷，和DDT同样出名，在园艺业应用广泛，此外在家庭除虫和大规模蚊虫治理上也有使用。在佛罗里达州，地中海果蝇在上百万英亩的田地里肆虐，于是人们使用马拉硫磷来消灭它们。许多人相信马拉硫磷的毒性是同类药剂中最小的，可以任意使用，不用担心有害。商业广告更是对人们的这种心态起到了推波助澜的作用。

宣称马拉硫磷"安全"的说法是基于一种不甚可靠的依据，但是这种依据在马拉硫磷投入使用了几年之后才被推翻。马拉硫磷曾被认为

"无害"，仅仅是因为哺乳动物的肝脏具有强大的保护功能，能使其毒性减缓发作。肝脏里有一种酶可以消解马拉硫磷的毒害。可是，一旦这种酶被破坏或者酶发挥作用的过程受到阻碍，马拉硫磷的毒素就会侵害机体。

非常糟糕的是，几乎没有人可以免受马拉硫磷的毒害。食品药品管理部门的专家们在几年前发现，马拉硫磷与别的某些有机磷酸酯混合会产生更强的毒性——相当于两者毒性加起来的五十倍。这就是说，分别取两种化合物致死剂量的 1%，混合起来就是致命的新毒药。

这个发现促使人们对其他化合物进行组合测试。现在已经了解到，有许多有机磷酸酯类物质的混合物是危害巨大的，混合加剧了毒性。假如某种化合物破坏了清除另一种化合物毒性的肝脏酶，混合物就会表现出更大的毒性。所以，切勿把两种杀虫剂混合使用！连续两周喷洒了不同农药的工人可能会受到混合毒物的危害，购买了喷洒混合农药的消费者同样如此。一碗普通的果蔬沙拉，有可能在事实上造成多种农药残留的混合。单一种类果蔬上的农药残留可能完全符合法定标准，但混合之后有可能就会毒性大增进而引发中毒。

化学制剂混合的风险对于大众而言是陌生的，但是科学实验室里不断传来令人担忧的坏消息。坏消息中的一个是，某种有机磷酸酯的毒性可以被另一种物质（可以不是杀虫剂）加强。例如，对于加强马拉硫磷的毒性，某种增塑剂要远比杀虫剂有效，这是因为增塑剂抑制了肝脏中的酶，而后者能够"拔掉"杀虫剂的"毒牙"。

那么在人体环境中，其他化合物又会是什么样的状况呢？尤其是作为麻醉剂使用的化合物？这一领域的研究只是初步的，但已经发现有机磷酸酯（对硫磷与马拉硫磷）对肌肉松弛剂的药物毒性有增强作用，此外别的一些有机磷酸酯（同样有马拉硫磷）会使巴比妥盐酸延长在体内的潜伏。

在古希腊神话传说中，女巫美狄亚面对另有新欢的丈夫伊阿宋，怒火中烧，将一件受诅咒的长袍在婚礼上送与新娘。一穿上这件长袍就会立即毙命。这样一种间接的死法，与今天的内吸杀虫剂异曲同工。这些药力强劲的化合物使动植物成为受诅咒的"美狄亚长袍"，将那些触及它的昆虫送往地狱，特别是那些吮吸汁水（血液）的昆虫。

内吸杀虫剂所在的世界诡异而恐怖，远不是格林兄弟[1]的想象力能够达到的，或许更像是查尔斯·亚当斯[2]的漫画世界。在内吸杀虫剂所存在的世界里，有毒的森林取代了童话的森林，昆虫咬了叶子或者吮吸了植物汁水就必死无疑。在这个世界里，跳蚤咬了狗一口就会死去，因为毒素已经进入了狗的血液；昆虫被它从未触碰过的植物挥发物毒死；蜜蜂在有毒的花朵上采集花粉带回蜂巢，酿出的是有毒的蜜……

昆虫学应用研究领域的学者发现，如果在一片含有硒（xī）酸钠的土地上种植小麦，则这样的小麦会表现出对蚜虫和叶螨的抵抗力。受到大自然的启发，科研工作者产生了发明内吸杀虫剂的想法。在世界上的很多地方，岩石与土壤中都含有微量硒元素，所以硒成为最早的内吸杀虫剂。

顾名思义，内吸杀虫剂的原理就在于"内吸"，即能够渗透到动植物组织内部并发挥破坏作用。烃类与有机磷类化合物具备这样的功能，某些自然界天然存在的物质也有这样的功能。事实上，有机磷类化合物残留较少，因此从有机磷化合物中提取的内吸杀虫剂占绝大多数。

内吸杀虫剂还会以别的一些不易察觉的方式起作用。种子通过浸泡或者裹上药物与碳混合形成的包衣，在萌发长出新的秧苗后依然具备药效，从而毒杀蚜虫和别的以植物为食的昆虫。这种治虫方法常用在豌豆、罗汉豆和甜菜等蔬菜的种植上。加州曾有一段时间流行用内吸杀虫剂包衣加工棉籽。一九五九年，在加州圣华金河谷有二十五个农民因搬运加工过的棉籽而突然中毒。

有英国人想研究蜜蜂采过施用了内吸杀虫剂的植物花粉之后，会发生什么，于是调查了喷洒过八甲磷的地区。尽管喷洒农药是在植物长出花

---

[1] 格林兄弟：雅各布·格林和威廉·格林兄弟两人的合称，他们是十九世纪德国著名的语言学家、童话作家，著名的《格林童话》的作者。

[2] 查尔斯·亚当斯：美国著名漫画家，作品有《亚当斯一家》等。

蕾之前，但花粉中依旧含有残留。调查结果符合推测：蜂蜜中残留有八甲磷。

动物内吸杀虫剂的施用主要是用在对牛皮蝇的防治上。牛皮蝇主要寄生在家畜身上，是一种害虫。既要在家畜的血液和组织中起到杀虫效果，又不能对家畜造成损害，所以要精确控制用量和施用方法。政府有关部门的兽医专家发现，多次小剂量的给药会慢慢消耗掉家畜体内的保护性胆碱酶，而一旦用药有哪怕极微小的过量，都会使家畜立刻中毒。

很多征兆表明，人类生活中出现了很多新生事物。现在，有一种药丸，只要给狗吃下，就能在狗的血液中产生毒素，从而使跳蚤不再叮咬。这同人类防治牛皮蝇采用的是相同的危险思路。现在，好像还没有人提出把内吸杀虫剂应用在人身上以防治蚊子。可能马上就会有人这样做了。

至此，我们在这一章里一直在谈论防治昆虫所使用的杀虫剂。人类与杂草之间的斗争又是怎样的情形呢？

为了快速而又简单地消灭掉不需要的植物，人类发明了品种繁多的除草剂，正式的说法是除莠剂。关于除草剂的使用现状，下文第六章会有详尽的述说，这里我们只关注这一问题：这些除草剂毒性如何，使用这些除草剂是否会破坏环境。

非常流行的一个说法是，除草剂只作用于植物，对动物是完全无害的。可是，事实并非如此。除草剂有很多种类，这些化合物不仅对植物产生影响，也会危害动物体。这些化合物对生物体产生的作用是各不相同的。一些只是普通的毒药；一些会严重刺激机体的代谢系统，引起体温急剧升高；一些会单独或与其他化合物混合成为致癌物质；还有一些会诱发基因突变、损毁遗传物质。这样看来，除草剂与杀虫剂同样属于危险的化学药品。想当然地认为除草剂"安全"而随意使用，恐怕要酿成灾祸。

尽管实验室研发的新药层出不穷，但砷化合物在杀虫剂（上文所提及的那样）和除草剂中仍然占据重要地位，多数为亚砷酸钠。回首砷化合物的使用历史可谓触目惊心：作为杂草清除剂施用在道路两旁，结果却毒害了农民的奶牛，还毒死了数不清的野生动物。用来除去湖泊、水库等公用水域的水草，却造成了水的污染，使这些水源无法用于饮用或游泳。施用到马铃薯田里除去藤蔓，却伤害了大量人畜。

一九五一年，用于清除马铃薯藤蔓的硫酸供应不上，于是英国人选择用含砷除草剂替代。农业部门发出警告，告诫人们走近施用了含砷除草剂的马铃薯地是非常危险的。可是牲畜听不懂警告（我们不得不认为，野生动物和鸟也听不懂）。因此牲畜中毒的事情时有发生。一九五九年，当一位农妇误饮砷污染的水而毒发身亡之后，英国一家大型农药公司关闭了砷化合物的生产线并启动了商品召回机制。接着，农业部门宣布含砷农药严重威胁人畜安全，因此将严格限制其使用。一九六一年，同样的法令在澳大利亚颁布。可是，这些剧毒农药在美国的生产使用不受任何限制。

某些"二硝基"化合物也被作为除草剂使用。它们在美国的同类型农药中毒性最强。二硝基酚对新陈代谢有很强的刺激作用，因此它曾长期被当作减肥药使用。尽管发挥减肥功效而摄入的剂量与引发中毒的剂量相差甚微，还是有数名使用者没有控制好剂量而毒发身亡，此外还有很多使用者忍受着长期的疼痛，后来这种减肥药被禁用了。

还有一种同类药物——五氯苯酚（或称"五氯酚"）也经常作为除草剂，施用在铁道沿线及垃圾处理厂。五氯酚的剧毒对各种生物体都有影响，无论是微生物还是人类。跟二硝基化合物相似，五氯酚也会干扰生物体内的能量生成，致使生物体耗尽能量而死。近来，加州卫生部门报道了一起五氯酚造成的严重事故。一名油罐车司机用柴油和五氯酚混合配制棉花落叶剂。当他正要将桶中的溶液往外倾倒时，桶塞掉进了桶里，于是他徒手从桶中捞出了塞子。虽然他立即清洗了手掌，但是毒性发作迅猛，他还是没有活过第二天。

并不是所有除草剂都像亚砷酸钠和苯酚一样可以直接地看到危害，某些除草剂的危害是容易被忽略的。例如，当下名声在外的蔓越莓除草药——氨基三唑（zuò），俗称"杀草强"，被认为毒害较小。可是假如长期使用，则会显著诱发野生动物的甲状腺癌变。相同的威胁也会发生在人类身上。

　　在除草剂中还有某些药物被称作"突变物"，会对基因造成改变。辐射性物质对基因的影响已经引起了人类的惊惧，但我们还是在随意地使用同样可怕的化学制剂，我们为何还不警醒？

第四章　地表水与地下海洋

在人类所拥有的自然资源中，水资源显得异常珍贵。尽管地球表面的绝大多数地方被海水覆盖，但处在海洋包围之中的人类依旧面临水资源短缺的问题。这似乎很矛盾，其实是由于地球表面大部分水资源是含盐量奇高的海水，而海水很难被应用于农业、工业和生活用水。所以，地球上大部分人口正遭遇着或者将要遭遇水资源短缺的影响。在当下，人类遗忘了自身的根源，完全无视最本源的生存需求，而以水资源为代表的自然资源却不得不为人类的愚蠢埋单。

杀虫剂带来的水污染问题，要放在整个自然环境被污染的大背景下才能更好地被分析。人类排入水系造成污染的物质多种多样：从反应堆、实验室、医院排出的放射性废弃物，核爆炸引起的放射性尘埃，从城乡住户流出的生活垃圾，还有从工厂排出的废水废物等。除了这些，一种新的飘落物也加入污染源的行列：田地、花园、森林和原野中施用的各种农药。在这些可怕的农药集合中，某些化合物的害处甚至超过放射性物质。这是因为化学药品之间会发生某些难以知晓的、险恶的反应以及毒害的转化和叠加。

自从化学家们开始人工合成自然界不存在的化合物，污水处理问题就变得棘手，对水的使用也面临越来越多的风险。正如大家所知，二十世纪四十年代开始了人工合成化合物的大规模工业生产。现在的产量已经非常惊人，以至每天都有大量的污染物涌入全国的水系。人工化学污染物必然与生活垃圾和其他废物混杂在一起，这给污水处理厂的检测工作带来了不小的困难。大多数化学废弃物性质稳定，不能用常见的方法降解。大多数时候，从废物堆中认出它们都不是一件容易的事。形形色色的污染物在河道里混合、沉淀，形成让河道清理人员无计可施的"糊状污物"。麻省理工学院的洛尔福·埃利亚森教授在参加国会委员会发言时指出，环境科学家不能推断出这些化合物的混合会带来何种后果，也弄不清混合物中是否含有新的化合物。埃利亚森教授说："我们不知道那些东西是什么，对我们的影响是什么。我们什么都不知道。"

用来清除昆虫、鼠类和杂草的各种化学制剂加剧了有机污染。并且有些药剂被设计出来的使用场景就是在水中，消除水中的植物、昆虫幼体和某些对人类无益的鱼类。喷洒在森林里的农药也成为污染物。有些州为了杀死某种昆虫，就对两三百万英亩森林全部进行农药喷洒。一部分农药落入溪流，一部分落进林间的土地，然后渗入地下水，经过漫长过程最终进入海洋。用来对付农业害虫和鼠类的几百万磅水溶性农药，在降雨冲洗下大部分随着自然界的水循环流向大海。

要证明河流甚至公共水源充斥化学制剂残留并不困难，到处都是明证。例如，在实验室里，用从宾夕法尼亚州一个果园采集的饮用水做样品，用鱼进行水质测试。因为水中存在大量杀虫剂残留，所以鱼不到四个小时就全部死亡了。小溪流经施用过农药的棉田，即使进行了污水处理，仍然会导致鱼类死亡。在亚拉巴马州，田纳西河的十五条支流流过施用了八氯莰（kǎn）烯（xī）（氯代烃的一种，俗称"毒杀芬"）的田地，于是河里的鱼类全部死亡，而其中的两条还承担着为城市供水的职能。在喷洒过杀虫剂一周后，河水里依旧残留有毒素，这是从下游水箱里每天都有金鱼死去推断出来的。

肉眼几乎是看不出这些化学污染的，有时检测技术也无能为力，只能等到出现鱼类成群死亡这样的情况，我们才能意识到危险。就有机污染而言，从事水资源保护的化学专家既没有可靠的常用检测手段，也没有解决问题的办法。杀虫剂造成的影响是客观存在的，不管我们是否有足够的检测手段，它已经同人类使用的其他化学制剂一起流入河流，甚至是流入全国的水系中。

假如有人质疑我们的水源差不多都已被杀虫剂污染这一实际状况，那请他去看一看全美鱼类及野生动物保护局一九六〇年的一篇报道。针对鱼类是否像恒温动物一样在体内积聚毒素这个问题，管理局开展了调查研究。从西部林区的一条河中采集了第一批鱼类样品，林区为消灭云杉害虫而喷洒过大量的DDT。果然，这批样本里都检测到了DDT！在远离农药施用范围三十英里的一条不起眼的溪流中，第二批样品鱼被采集出来。这批鱼依旧检测到含有DDT！化学药剂难道是通过地下的暗河流进这条小溪的？或者是随风飘入溪水？在另外进行的一次对比调研中，鱼苗培育厂的鱼体内也被检测出了DDT，而这里的水通过深井取自地下。同那条小溪一样，深井附近并没有施用过农药，所以污染一定来自地下水。

在所有的水污染问题中，地下水的大面积被污染尤其可怕。水是循环流动的，一旦有某处水域被杀虫剂污染，则所有水系都面临威胁。大自然是一个整体而非一个个相互隔绝的空间，地球上的水系更是密不可分。雨水从天空落入地面，然后渗入土壤、岩石缝隙，不断下渗，最终进入一个岩石的每一个孔隙都被水充溢的地带。这里是一个随着地表山势起伏的地下海。水在地下始终是运动的，有时缓慢，一年可以发生十五米的位移；有时则较快，一天发生一百六十多米的位置变化。绝大多数地下水的移动发生在地下，少量流出地面就成了泉眼，或者进入水井。最终，大部分地下水涌入小溪与大河。排除掉直接落入河流的雨水和地表径流，地表可流动的水都曾经是地下水。因此可以说"污染了地下水也就污染了全世界的水"，这是一个惊人的事实。

从科罗拉多州一家化工厂排出的有毒废物肯定是经由黑暗的地下海，流到几英里之外的农场，污染井水，使人畜中毒、庄稼枯萎。这当然是一种特殊的情况，但肯定有相似的事情发生。事情的经过大概是这样的：一九四三年，在丹佛附近建立了一个隶属于美国化学作战部队的落基山军工厂，该工厂负责生产军需品。过了八年，工厂的设备被一家私营化工企业租赁，用以生产杀虫剂。还没有开始生产，诡异的事件就不断发生。几英里外的农民投诉说，家里的牲畜莫名害病，农作物成片枯萎，树叶发黄，植物生长停滞，作物大量死亡。住户连连患病，他们认为这些怪事之间有某种联系。

这些农场用浅层井水灌溉庄稼。一九五九年，多个州部门和联邦政府部门联合开展调查，对那些井水进行了检测，结果发现了有机化合物残留。落基山军工厂在这里实施生产的那几年中，氯化物、氯酸盐、磷酸盐、氟（fú）化物还有砷被排放到专用的池子里。军工厂和农田之间的地下水明显是受到了污染，而这种污染顺着地下水扩散到了三英里外的第一个农场。扩散没有停止，污染范围不能够很明确地划出。研究人员不知道怎样清除这一污染，甚至也不知道该如何使污染停止扩散。

情况已经很糟了，但在军工厂的水井和排水池子里发现2，4-D除草剂则更是让人困惑，不过从长远来看这一发现最具研究意义。当然这一发现合理解释了庄稼用这些水灌溉后的死亡。问题是，这个工厂从来没有生产过2，4-D除草剂。

经过长期、精细的研究，化学专家认定2，4-D除草剂是在露天的废液池子里自动生成的。没有经过人工的操纵，池子里的多种废弃化合物在空气、阳光、水所形成的天然实验室里，合成了一种新的化合物，一种大多数植物触之即死的化合物。

可见，科罗拉多州农场及作物受害事件具有了普遍的意义。在科罗拉多州之外的地方，化学污染对公共水域是否产生了同样的影响？在世界各处的湖泊、河流当中，在空气与阳光的参与下，会不会有一些"无害"的化合物转化成新的剧毒物质？

坦白地说，水资源被化学毒物污染的最恐怖的地方是：在河流、湖泊、水库中，甚至是在你吃饭时喝下的一杯水中，都有可能含有未知的化合物，而且是化学家们在实验室里不会去发明的。随机混合起来的化学物质可能会不受控制地发生化学反应，这一事实对美国公共卫生部门的官员造成了极大的困扰。他们忧心忡忡，担心爆发低毒物质混合后产生剧毒物质的事件。这样的化学反应可以是在两种及以上化合物之间进行，也可以是化学废物与河流中逐渐增多的放射性废物作用而产生。放射线加剧了原子重新组合的活动，于是新的物质出现。所有这些都不可预测、不可操控。

受污染的当然不会只是地下水，地表水流也不能幸免：溪流、河流、农田灌溉。地表水流被污染的例子，可以举出加州图里湖与南克拉马斯湖国家野生动物保护区的事情。这两个保护区和俄勒冈边境的北克拉马斯湖保护区属于同一个大保护区链条。似乎是上天安排好了，这三个保护区共用同一个水源，彼此连通。在广阔的田地包围之下，三个保护区仿佛是绿色海洋中的岛屿。这片田地过去是沼泽和开阔水域，是鸟儿的乐园，通过排水、引流才改造成了农田。

北克拉马斯湖为保护区附近的田地供应了灌溉用水。灌溉后的水流到一处后，被人为地用水泵抽到图里湖，然后再流到南克拉马斯湖。这样，两个国家野生动物保护区和两个湖泊与农业用水连通在了一起。熟悉这个情况有助于理解下面谈到的情况。

一九六〇年夏，这里保护区的工作人员在附近看到成百只已经死亡或垂死的鸟儿。其中大多数是以鱼类为食——苍鹭、鹈（tí）鹕（hú）[1]、鸊（pì）鷉（tī）[2]和鸥。在这些鸟体内检测出了八氯莰烯、DDD和DDE等药物残留。从湖中的鱼和浮游生物体内也发现了这些残留。保护区负责人指出，施用在农田里的杀虫剂过量，随灌溉用水回流，造成保护区湖水的污染。

---

[1] 鹈鹕：体长可达两米，翅膀大而嘴长的鸟，羽毛大多白色，翅膀上少数黑色羽毛，善于游泳和捕鱼。

[2] 鸊鷉：外形略微像鸭但比鸭小的鸟，翅膀短，不善飞，生活在河流湖泊的植物丛里，善于潜水，以昆虫、小鱼为食。

设立保护区原本是为了恢复自然环境，而湖水的污染使这成为空想。如若没有被污染，将会有成群的水禽在夜空中边飞边叫，仿佛一条浮在空中的绸带。这番美景的破灭，使得猎鸭的猎手和喜爱野外美景的人痛惜不已。这两个保护区对保护西部地区的水禽有着重要的意义。从地理位置上讲它们就像是处在漏斗中间，占据了"太平洋迁徙路线"的重要位置，是所有鸟类迁徙的必经之地。每年秋天，从东部哈得孙湾到西部白令海峡的上百万只野鸭与大雁，开始向南方太平洋沿岸各州迁徙，其中四分之三会来到这里。夏天，水禽喜欢在这两个保护区栖息，特别是濒临灭绝的美洲潜鸭和棕硬尾鸭。假如这两个保护区的湖泊、水塘都被严重污染，那么美国西部水鸟种群将遭受重大的破坏。

水中生物间的食物链也必须考虑到。微若尘埃的单细胞浮游生物处在最底端，接着是细小的水蚤，以浮游生物为食的小鱼，以这些小鱼为食的大鱼和鸟类，处在顶端的是水貂和棕熊。这些动物也是我们思考水资源污染问题时不可忽略的。生命活动所需要的矿物质会通过食物链传递，这是我们熟知的。那么，人类投入水中的有害物质就不会参与这样的自然循环吗？

发生在加州清水湖的异事回答了这个问题。清水湖地处旧金山以北大约九十英里的山间，是垂钓胜地。虽然名叫"清水湖"，但实际上不深的湖水下遍布淤泥，因此水质非常混浊。对垂钓爱好者和来此度假的人来说非常糟糕的是，湖水非常适合一种小蚋（ruì）虫繁殖。这种蚋虫与蚊子种属相近，但并不吸血，成虫甚至完全不吃东西。数量巨大的蚋虫困扰着这里的住户。为了消灭蚋虫做过许多尝试，但是效果并不理想。二十世纪四十年代，当地住户开始使用新出现的氯代烃类杀虫剂。被作为对抗蚋虫武器的DDD，它与DDT十分接近，但是对鱼类的毒性较小。

一九四九年，经过详细的论证，人们确认安全后开始朝湖里投施DDD杀虫剂。通过勘测估算出了湖水的总量，进而确定了杀虫剂的配比为0.014ppm。效果立竿见影，蚋虫几乎灭绝。但是到了一九五四年蚋虫再次泛滥，于是开始了新一轮的投放DDD，这次药剂配比为0.02ppm。人们相信提高浓度可以再次消灭蚋虫。

可是到了冬天，殃及其他生物的情况开始出现：湖中的北美鸊鷉出现死亡，不久便有超过一百只死去。北美鸊鷉的习性是筑巢繁殖，鱼类丰富的清水湖是它们栖息的好地方，因此它们常在冬天在此筑巢停留。这是一种羽毛艳丽、姿态优雅的水鸟，主要分布于加拿大和美国西部，一般选择水边的草丛筑巢栖息。它们脖颈雪白，头冠黑亮，能够平稳无波地在湖上凫水，被称赞为"天鹅鸊鷉"。刚破壳的雏鸟一身灰色绒毛，过几个小时就能下水自由活动，在父母背上玩闹，栖居在他们的羽翼之下。

一九五七年，曾不见踪迹的蚋虫又一次卷土重来。再次扑灭后，鸊鷉出现了比上次更严重的死亡。与一九五四年情况相同，鸊鷉的死亡原因可以排除是传染病。直到有人提出检测一下死亡鸊鷉的脂肪组织，才发现其中 DDD 的含量达到惊人的 1600ppm ！

湖水中杀虫剂的浓度最高达到 0.02ppm，但是鸊鷉脂肪组织内的残留浓度怎么会这样高？湖中的鱼虾是鸊鷉的主要食物来源。通过检测湖水中鱼类体内的杀虫剂残留情况，真相大白了：有毒物质从最小的生物体开始，一步步向食物链上层更大的食肉动物流动。调查结果显示，在浮游生物体内的 DDD 残留浓度为 5ppm，是湖水中 DDD 浓度的二百五十倍。草食鱼类体内 DDD 残留浓度在 40ppm 到 300ppm 之间。肉食性鱼类体内的残留浓度最高。云斑体内的残留量甚至可以达到 2500ppm。这就像是自然界的"杰克盖屋"[1]：大型肉食性动物吃掉小型肉食性动物，小型肉食性动物吃掉草食性动物，草食性动物吃掉浮游生物，浮游生物从湖水中摄入了有害物质。

接下来有了更伤脑筋的发现：无法在近期施用过 DDD 的湖水中检测到残留的存在！那么它们去了哪里呢？答案是湖中生物的体内。停止投

---

[1] 杰克盖屋：出自英国古代童谣"这是杰克造的房子"（This is the House That Jack Built），整个童谣是一层又一层的嵌套关系。在这里被用来比喻生物对环境污染物的放大效应，即生物所处的营养级越高，生物浓缩系数（污染物在生物体内的浓度与在环境中之比）越大。

药二十三个月后，检测到浮游生物体内的药物残留浓度为5.3ppm。在这差不多两年的时间段里，湖水中虽然没有药剂残留，但是却顽固地存留在浮游生物中，尽管浮游生物一直在世代更迭。同样，别的湖中的生物体内也积存着有毒物质。停止投药一年后，从鱼类、鸟类和蛙的体内都检测到了DDD残留。这些湖中生物所含有的DDD残留量一直是投放到湖水中DDD起始浓度的很多倍。投放DDD九个月后出世的鱼类、鹧鹕和体内DDD含量达2000ppm的加州鸥，等等，都是活生生的有害物质携带者。湖面上鹧鹕的巢越来越少，鹧鹕的数量在没有投放DDD之前是一千多对，而到了一九六〇年就只剩下三十对左右了。从第三次投放DDD之后，湖面上再没见过鹧鹕雏鸟，可见那三十对鹧鹕虽然筑了巢，却没有繁殖出后代。

微小的植物最先摄入了有毒物质，然后开启了污染的链条。最终污染会流向哪里呢？流向处于食物链顶端的人类。可能是在浑然无知的情况下，人类整理渔具，从湖里捕到许多鱼，回到家饱餐一顿。大量或累积吸收DDD，会让人类出现怎样的状况？

尽管加州公共卫生管理局宣称DDD残留危害人类的说法缺乏有效证据，但还是在一九五九年叫停了在湖泊中投放DDD的行动。这种药剂造成的生物危害十分严重，停止使用看上去仅仅是迈出了解决问题的第一步。DDD所具有的生物毒性似乎是所有杀虫药物中最特殊的：它能破坏肾上腺中的肾上腺皮质外层细胞，而后者的作用是分泌性激素。还是在一九四八年的时候，这种破坏作用就引起了人们的注意，不过人们把其限定在犬类，因为在猴子、鼠类和兔子身上做的实验中，DDD没有表现出破坏作用。不过DDD会在犬类身上引起类似人类阿狄森病的症状，这就需要引起人们的注意了。近来的医学研究表明，DDD对人类肾上腺皮质的抑制作用非常严重。所以现在，临床医学上利用DDD破坏细胞的特性来治疗一种不寻常的肾上腺肿瘤。

发生在清水湖的事情启发人们思考这样一个无法回避的问题：为了防治害虫，使用生物毒性强大的药物，甚至让水源暴露在化学毒药中，这样做是不是理智的选择？非这样不可吗？湖中生物体内惊人的杀虫剂残留含量说明，使用低浓度的杀虫剂并不能降低风险。现在的情况是，解决一个小问题的代价是制造一个更大的问题，小问题往往就在眼前，而大问题却是潜在的、未发难的。此类情况层出不穷，而且呈不断增长的态势。发生在清水湖的事便是明证。住户脱离了蚋虫的滋扰，却污染了湖水，让所有靠湖泊获取食物和饮水的生物，遭受莫名的严重威胁。

出人意料的是，往水库中投放毒药的行为越来越多，通常是为了开发水上娱乐资源，当然随后肯定得投入大量资金进行水质处理，以解决饮水困难。某地区喜好捕鱼的人想有一个更好的捕鱼场所，于是煽动政府部门出面往水库里投放毒药，消灭他们不喜欢的鱼类，然后养殖自己喜好的鱼类。这是一个荒诞的过程，像爱丽丝漫游的仙境一样怪异。水库原本是为了满足当地住民的用水需要而修建的，在住户们不知情的状况下就被喜好捕鱼的人利用，反而还要忍受带毒药残留的饮水，或者是承担清除污染的费用，尽管那毒药残留是不可能清理干净的。

既然地上和地下的水都遭受或面临着杀虫剂等化学药剂的污染，那公共自来水系统中存在有毒致癌物的风险就非常大。全美癌症研究所的W.C.修珀博士提出警告："可以预见，饮水污染将在未来导致更多的患癌风险。"其实，二十世纪五十年代初，荷兰的一项研究成果便证实了水污染与癌症的关联性。河水比井水更容易被化学药剂残留污染。所以，从河水中获取饮水的城市住户比饮用井水的住户有更高的患癌风险。砷作为一种天然的致癌物在历史上曾两次通过饮水给人类带来灾祸，引起了癌症的大面积发生。其中一次的祸源是矿场的矿渣堆，另一次是天然高含砷量的岩石。含砷杀虫剂的使用越来越多，类似的灾祸恐怕还会出现。砷污染了土壤，然后随雨水进入溪流、河流以及水库，最后进入宽广的地下海中。

我们再次认识到，自然界的一切都是有联系的，没有什么事物是独立的。为了更深入地搞清楚污染是怎样在大自然中发生的，我们需要看一看地球上的另一种基础资源——土壤。

第五章　土壤的王国

　　覆盖在地球表层的薄薄的土壤就像是一块块补丁，对人类和其他动物的生存发挥关键的控制作用。陆上的植物不能离开土壤而生长；动物也不能离开植物而存活。

　　假如说靠农业生存的生物离不开土壤，那么土壤也一样离不开自然界的生物。土壤的来源和性质与当地存活的动植物是有很大的相关性的。从一定程度上来讲，上亿年前生物与自然环境之间的神奇互动，创造了土壤。炽热的岩浆从火山口涌出，最坚硬的花岗岩承受着河水的冲刷，严寒使得岩石碎裂，这些过程带来了形成土壤的原始物质。接着，生物运用创造性的法术，慢慢将这些性质稳定的物质变为土壤。最早覆盖岩石的是地衣，它们分泌出酸性物质促进岩石分化，为其他生物提供容身之处。原始土壤的缝隙中长出苔藓，而这种土壤是由地衣碎屑、细小昆虫的外壳以及海生生物的残尸一起构成的。

　　生物创造了土壤，然后在土壤上演化出多种多样的生命形式，使土壤不再是死气沉沉、毫无生机的东西。正是有了这些生物及生物活动，土壤才能养育出绿化大地的植物。

　　土壤处于一种不断重复的循环，永远都在发生改变。随着岩石分解、有机物腐烂分解、降水把氮气等气体带到地面等过程，土壤中不断有新物质增加，同时原有的物质也会被生物利用而消耗掉。既微妙又重要的化学反应无时不在进行，植物从空气和水中吸取原料转化成自身需要的物质。这一切的变化都离不开生物的积极参与。

大量生物在不见光的土壤王国内部生存，对它们的研究非常有趣但往往被忽视。关于土壤有机物间的关系以及它们与地上地下环境的关系，我们了解的十分有限。

肉眼不可见的细菌和丝状真菌，很有可能是土壤中最要紧的生物。它们的数量多到要用天文级的数字来计量，一茶匙表层土壤里就含有上亿个细菌。尽管这些细菌个体极其微小，但在一英亩肥沃田地的一英尺厚的表层土壤中，全部细菌加起来可能有一千磅重。放线菌呈现出菌丝的形态，数量比细菌少，但是形体较大，所以在相同体积的土壤中，两者的总重量大致相当。它们再加上藻类这种绿色单细胞生物，便构成了土壤中的所有植物生命。

细菌、真菌和藻类是动植物腐烂分解的主要推手，将动植物残骸分解成无机物质。离开这些微生物，碳、氮等元素就不能在土壤、大气和生物体之间循环。例如，假若没有固氮细菌，植物就算是被含氮空气包围，也会因缺氮而枯死。另有一些有机体产生二氧化碳，然后转化成碳酸，加快岩石的分解。土壤中还有一些微生物促进着各种氧化及还原，将铁、锰、硫等天然矿物质变成可供植物吸收的形态。

土壤中微小的螨类和一种叫作跃尾虫的原始无翼小虫子也大量存在。尽管它们体型微小，但在分解植物残骸、消解树林地表杂物等方面却发挥着很大的作用。其中某些微生物的"力量"让人吃惊。比如，云杉落叶中寄生着某些螨虫，它们以针形落叶的内部组织为食。等螨虫长大，落叶也变成了一个空壳。土壤和树林中的落叶几乎都由这些微小的昆虫处理掉。它们软化、分解树叶，并加快新生物质与表层土壤的混合。

在这类数量巨大忙个不停的微小动物之外，土壤中也存在着许多体型更大的动物。从细菌到动物的完整生物谱系都存在于土壤当中。其中一些是永久存身于黑暗的地表土壤的，另有一些只是在地洞里过冬或者在生命的某一段时间存身地下。总之，土壤中的动物活动增加了土壤里的空气，加快了水分在植物生长层的疏导和渗透。

蚯蚓在个体较大的土壤动物中或许是最重要的。一八八一年，查尔斯·达尔文的《腐殖土的形成与蚯蚓的作用》出版。在这本书中，达尔文第一次向人们介绍了蚯蚓所具有的搬运土壤的重要作用。他这样描述到：蚯蚓从地下搬到地面的细颗粒土壤渐渐盖满岩石，在条件适宜的地方，蚯蚓在一英亩土地上每年搬运数吨重的土壤。与此同时，蚯蚓还把树叶和草中的大量有机物质（每平方米土地在半年产生二十磅）带入地下，混入土壤。达尔文的计算结果显示，经过十年时间，蚯蚓使表层土壤变厚一英寸到一英寸半。除了使土壤变厚，蚯蚓还有别的益处：疏松土壤使空气进入，提高土壤的排水能力，促进植物的根系生长。还有，蚯蚓可以提升土壤细菌的硝化作用，减缓土壤肥力的衰退。有机物质在蚯蚓的消化系统中被分解，排泄到土壤中增加肥力。

土壤和生物的关系紧密，共同组成一个整体网络：生物离不开土壤，而土壤也离不开生物。这样它才能成为地球的一个重要部分。

有这样一个值得忧虑的问题被人们忽略：不管是直接流入土壤的"杀虫剂"，还是被雨水从树林、果园和田地冲刷进土壤的危险污染，被毒药污染的土壤，会对生存其间的很有益处的大量生物造成什么影响？例如，我们用广谱杀虫剂杀死穴居的破坏庄稼的害虫幼虫，却认为不会伤害分解有机物质的"益虫"，这怎么可能！再例如，我们使用的广谱除真菌药剂，真的不会伤害树木根系中促进营养吸收的真菌？

实际情况是，大多数科学家轻视了这个重要的土壤生态问题，施用杀虫剂的工人更意识不到问题。虫害防治部门的工作人员一厢情愿地认为土壤可以承受所有对它的伤害绝不抵抗。土壤王国的根本属性几乎被无视。

有关的研究尽管不多，但渐渐向人们展现出杀虫剂对土壤的破坏作用。这些研究结果并不一致，但这是很正常的，因为土壤有很多种各不相同的类型，对某处土壤造成破坏的化学药剂，在另一处土壤里可能就不会产生影响。轻沙质土壤比腐殖土壤受到破坏的情况更严重。尽管研究成果差别较大，可是证明危害存在的证据越来越多，这让很多专家忧虑不已。

现在，生命过程中非常重要的一些化学反应正在受到影响。例如从空气中吸收氮元素以供植物利用的硝化反应。2，4-D 除草剂会使硝化反应暂停。近期在佛罗里达州进行的几次实验显示，六氯环己烷（俗称"六六六"）、七氯和六氯化苯只需两周时间就会削弱土壤中的硝化反应，六氯化苯和 DDT 的毒害作用会持续一年以上。还有实验结果显示，六氯化苯、艾氏剂、六氯环己烷、七氯以及 DDD 都能破坏固氮菌在豆类植物根系产生节瘤的活动。真菌和高等植物根系原有的和谐平衡被打破。

大自然的欣欣向荣，离不开生物间数量的相对平衡。一旦失衡，恢复起来很难。杀虫剂降低了土壤中某种生物的数量，则一定会有另一种生物的数量爆发式增长，对原有的捕食关系造成破坏。这样一来土壤的物质更替过程很容易被打乱，造成肥力下降。由此还会带来另一种可能：某些一直被压制的有害生物很可能会泛滥成灾。

我们必须熟知这一事实：杀虫剂在土壤中的残留时间不是短暂的几个月，而是很多年。艾氏剂投放四年以后，检测土壤发现了少量艾氏剂残留和大量由艾氏剂转化成的狄氏剂。投放八氯莰烯消灭白蚁，过了十年，仍然在沙土中发现大量药物残留。六氯化苯会在土壤中残留至少十一年，七氯与其衍生物环氧七氯残留至少九年，氯丹在十二年后仍有施用量的15% 残留。

施用杀虫剂时看似维持了合理的用量，但多年后土壤中药物残留的累积量却是惊人的。氯代烃会顽固而长久地在土壤中残留，所以每施用一次就会在前一次的基础上继续增加残留量。所以，像"一英亩田地施用一磅 DDT 是无害的"之类的陈旧说辞显然是错误的。经过检测发现，一英亩马铃薯田会残留十五磅 DDT，一英亩玉米地有十九磅 DDT 残留，一英亩蔓越莓田则有高达三十四磅半的残留量。苹果园的土壤残留尤其高，几乎是与每年的施用量保持同步增长。苹果园一个季度要施用药剂四次以上，这样 DDT 在土壤中的残留高达每英亩三十至五十磅。年复一年地施用药剂，果园中树间土壤残留的毒药在每英亩二十六至六十磅，而树下土壤的残留则高达一百一十三磅。

砷会永久性地污染土壤。二十世纪四十年代中期开始，防治烟草虫害的杀虫剂用人工有机化合物替代了砷。可是，一九三二年到一九五二年，美国生产的烟草中砷含量增加了三倍以上。后续的研究显示砷含量甚至高达原先的六倍。研究砷毒原理的专家亨利·S.萨特利博士提出，不用砷喷剂而改用有机杀虫剂以后，烟草田的土壤里仍然残留有大量毒性剧烈而不易分解的砷酸铅。这种砷酸铅会一直析出可溶性的砷，所以烟草中的砷含量还会持续增长。萨特利博士说，烟草田的大多数土壤都被"累积的、近乎永不停止的毒药"污染着。在地中海东部国家的烟草中就没有砷含量增长的情况，因为那里不使用含砷杀虫剂。

这就出现了另一个需要引起我们重视的问题：只关注土壤里的情况是不行的，还要注意土壤中的杀虫剂残留被植物组织吸收了多少。土壤类型、作物种类和杀虫剂特性及用量，都是需要考虑的因素。在所有土壤中，含有较高有机物的土壤被植物吸收的毒素最少。在所有接受研究的作物中，胡萝卜吸收了最多的杀虫剂残留。假如施用六氯环己烷，胡萝卜中的残留将远远高于土壤中的残留量。以后，人们必须先检测土地的杀虫剂残留状况，然后再种植作物。不然的话，就算不再施用杀虫剂，作物从土壤中吸收的药物残留也有可能超过安全标准，从而无法上市。

曾有一家规模庞大的婴幼儿食品企业受困于土壤污染带来的巨大麻烦。现在，这家企业已经不再收购任何施用过杀虫剂的果蔬。六氯化苯是祸根。它被植物的根和块茎吸收后，会产生发霉的味道。加州的一块田地在两年前喷洒了六氯化苯，长出的甘薯检测到六氯化苯残留，于是被禁止当作食品加工原料。某年，这家企业与加州南部地区签订了甘薯供应合同，后来却发现那里的田地都被六氯化苯污染了。这家公司不得不另外购买甘薯，承受了很大的经济损失。近些年，许多州都出现了果蔬长出来却不满足加工标准而被丢弃的情况。最糟糕的情况发生在花生上。南方的几个州施行花生棉花间作的种植方法。种植棉花常常使用大量的六氯化苯，接茬种植的花生就会吸收大量残留。而且，少量的六氯化苯便会使花生出现霉腐味。花生果壳中会有六氯化苯的顽固残留。花生在加工过程中霉腐味不减反增。没有办法可以去除六氯化苯残留，所以免受其毒害的唯一方法是，杜绝所有施用过六氯化苯或在六氯化苯污染过的土壤上长出的农作物。

有时，土壤中的杀虫剂残留会直接危害作物——被污染的土壤一直存在这种风险。有些杀虫药对豆类、小麦、大麦和黑麦等娇弱的作物有破坏作用，会影响根系和幼苗的发育。华盛顿和爱达荷种植啤酒花的农民就经历了这样的事情。一九五五年春，象鼻虫泛滥成灾，对啤酒花种植造成很大影响。在农业技术人员和杀虫剂生产商的建议下，人们喷洒七氯来消灭象鼻虫。不到一年时间，接触到七氯的啤酒花出现干枯死亡的情况，而没有接触到七氯的作物则不存在这样的问题。是否喷洒农药，情况截然相反。不得已，人们只好斥巨资在山上栽种新的啤酒花，可是第二年没有成活。四年后仍然在土壤中检测出七氯残留。这一切让技术人员无所适从，不能判断出毒物何时会消失，也找不到改变土壤状况的方法。一九五九年三月，全美农业管理部门认识到了七氯对土壤的破坏作用，撤回了之前的施用指导，可是苦果已经酿成。接着，许多种植啤酒花的农民通过法律渠道提出经济赔偿诉求。

农药残留在土壤中的积聚是顽固而长久的，假如人们不停止施用的话，灾祸是不可避免的。一九六〇年，在锡拉丘兹大学有一场关于土壤生态学的研讨会，会上有些专家提出了上述的观点。

会议得出的结论是，人类在不甚了解的情况下，滥用人工合成药剂和射线这些"威力巨大的手段"，从而带来危害，"人类做出的某些错误行为或许会破坏土壤的肥力，而害虫在土壤里则泛滥成灾"。

第六章　地球的绿色斗篷

　　水、土壤以及绿色植物所组成的地球的绿色斗篷，一起为地球动物的生存提供保障。现代人类常常忽略的一个事实是，离开了植物转化太阳能所生产出的物质，人类就不能生存。人类对植物的认知十分短视，有某种直接的利用价值就推广种植，暂时没有使用价值或者出于别的目的就会消灭某些植物。人类消灭一种植物，除了因为它对人畜有害、影响农作物生长之外，还有可能仅仅是觉得它长在了不合适的时间和地方。还有一种"误伤"的情况，即某种植物因为和人类要消灭的植物长在一起而被殃及。

　　地球上的植物参与了生命之网的构成。在这个网里边，植物和地球，植物与别的植物，植物与动物，相互间都有着紧密而重要的联系。一些时候，人类不得不破坏这些联系，但一定要慎之又慎，要深入思考这些举动在未来以及其他地域可能造成的影响。可是，除草剂产业在今天发展迅猛、销量巨大，在使用领域更是肆无忌惮，看不出是深思熟虑之后的决策。

　　人类盲目改造自然的例子很多。美国西部改造蒿类植物的事情便是一个例子。为了将一块土地建为农场，人们大力铲除三齿蒿。这块地对研究自然历史很有价值，因为它非常典型地体现了多种自然力量的相互作用。

它就像是呈现在我们眼前的一本打开的书，从中可以对大地追根溯源，可以知晓人与大地的和谐之道。可是，人们对这本书置之不理。

数百万年前，落基山脉的巨大隆起形成了西部高原和山脉坡地，后来长满了三齿蒿。这里的气象条件严酷：冬天寒冷漫长，暴风雪从高山肆虐而来，积雪深厚，长期不化；夏天高温少雨，土地严重干旱，狂风使得植物茎叶的水分迅速蒸干。

在这样一个狂风呼啸的高原上，新的植物物种要想立足，少不了要经历长期的磨难与适应。大自然淘汰了数不清的植物，最后，幸存下来的是能够对抗一切严酷自然条件的三齿蒿。这是一种低矮的灌木，分布在山地和高原，长出的灰绿色叶片很小，可以保持水分、抗击狂风。

一切都不是偶然，是大自然的选择，让三齿蒿生长在这片广阔的高原上。

同样，这里生存的动物也经历了大自然的筛选。有两种动物同三齿蒿一样完美地适应了这个环境，在这里扎根繁衍。其中一种是身姿优雅、动作灵敏的哺乳动物叉角羚羊，另外一种是有着"西部高原之王"称号的艾草松鸡。

三齿蒿和艾草松鸡的依存关系看上去非常自然合理，后者的活动周期与前者的生长周期高度一致。当三齿蒿的分布减少，艾草松鸡的数量也会锐减。可以说，三齿蒿对艾草松鸡就意味着一切。艾草松鸡选择山脚低矮的三齿蒿筑巢育雏，选择高处茂密的三齿蒿玩耍、休憩。艾草松鸡一整年的主要食物都是三齿蒿。不过，影响总是相互的，三齿蒿也受到艾草松鸡的影响。在雄性艾草松鸡繁杂的求偶活动中，三齿蒿周围的土被刨松，这对附近的草的生长有益。

叉角羚羊的生存活动里同样融入了三齿蒿。叉角羚羊是高原地区重要的哺乳动物，每年夏天在高山区域活动，在初雪来临前往海拔较低的地方迁移。在那里，它们靠三齿蒿为食度过寒冬。别的植物叶子早已落尽，唯有三齿蒿芬芳而略有苦味的小叶片还挂在茎上。这种叶子含有丰富的蛋白质、脂肪和动物需要的矿物质。积雪覆盖着三齿蒿，但还会露出一点头。叉角羚羊用尖利的前蹄刨开积雪，就能吃到三齿蒿。艾草松鸡会在风刮走积雪的石头上寻觅三齿蒿，或者在叉角羚羊刨开的地方寻找剩下的三齿蒿。

也有别的动物靠吃三齿蒿维生，比如黑尾鹿。三齿蒿是食草动物过冬的保障。在冬季牧场，三齿蒿差不多是羊群的唯一选择。大半年的时光里，羊群都要吃三齿蒿叶子，而且它比干苜蓿提供了更多的能量。

严酷的高原环境、开出紫花的三齿蒿、灵敏的叉角羚羊与艾草松鸡，组合成一个和谐的生态系统。可是现在的情况大不一样，起码在人类试图改造的大块土地上，出现了不一样的情形。为了迎合牧场主的贪心，土地管理部门以改良的名义，将大片土地划为牧草场。这就是说，要清除这些土地上的三齿蒿，改种专门的牧草。原本是三齿蒿和其他草类混杂生长的土地，变成只有单一牧草的草场。这些问题没人思考：这样的草场是否可以长久？是否可以实现预期目标？很明显，大自然给出的答案一定是否定的！这些土地上降水匮乏，不满足生长优质牧草所需要的水量，也就适合三齿蒿下的多年生禾草生长。

然而，扫灭三齿蒿的活动已经开始了好多年。草种业、收割与播种机械行业都能从这项活动中获益，因此很多工业企业参与其中，相关政府管理部门也大力推动。近来，农药业在该项活动中开始扮演越来越重要的角色。农药消灭的三齿蒿每一年都有千百万英亩。

现在情况如何？消灭三齿蒿、种植牧草的成果在很大程度上只能凭借推测。有许多熟悉土地特性的人认为，单独种植牧草的效果不如与三齿蒿混杂，因为三齿蒿可以保持土壤中的水分。

就算这项活动取得了短期的成效，但付出的代价是破坏该地区紧密联系的生命之网。随着三齿蒿的消失，叉角羚羊和艾草松鸡将不复存在，黑尾鹿的数量也会受到影响。野生植物的消失，会使土地变得更加贫瘠。而且牧场的牲畜也受到了不利的影响，虽然在原本的设想里它们应该是受益者。不管夏天的牧草多么丰美，到了冬天，暴风雪中的羊群还是得靠三齿蒿、多年生禾草和别的野草来抵御饥饿。

以上还只是初步的、最显而易见的后果。另外一种后果与人类对付大自然所施用的农药有关：能够快速杀死三齿蒿的农药也会同时消灭别的许多植物。法官威廉·O.道格拉斯在他的新作《我的荒野：卡塔丁西行》中记述了美国林业管理部门在怀俄明州布里杰国家森林制造的惊人毁坏。牧民急需扩大草场面积，因此林业管理部门向一万英亩长有三齿蒿的土地喷洒了农药。三齿蒿被顺利扫除，但是在曲折流过原野的小河两边，垂柳树也遭了殃。翠绿的垂柳是许多生命的依靠：麋鹿生活在柳树林中，柳树对于麋鹿的意义相当于三齿蒿对于叉角羚羊。河狸也曾在这里栖息，以柳树为食，咬断枝干在溪流上筑坝，将溪流隔成若干个水域。小溪里的鳟鱼长度大多不会超过六英寸，在这些隔开的水域里则能长得无比鲜肥，体重可达五磅。这里也吸引到许多水鸟。垂柳和河狸让这里成为上好的垂钓休憩之处，引来大批游人。

可是，林业管理部门施用的农药殃及垂柳。在喷洒农药的一九五九年，道格拉斯法官途经此处，面对枯死的垂柳无比惊讶，说这是"难以想象的灾难"。麋鹿现在怎么样？河狸与它们的水上工程怎么样了？过了一年，道格拉斯法官故地重游。麋鹿与河狸难觅踪迹。河狸修筑的堤坝已经被毁，溪水干涸。肥硕的鳟鱼不见踪影。溪流在一片酷热、荒凉、无遮挡的区域流淌，没有半点生气。此处的生命世界被破坏了。

每年，施用农药的不只是四百多万英亩的草场，大片各种用途的土地也要施用农药除草。例如，一块比整个新英格兰还要大的土地（大约五千万英亩）由公共事业公司管辖，其大部分区域为了"控制生物"定期接受处理。美国西南部大约七千五百万英亩豆科植物需要采取一些措施，其中喷洒农药是最重要的。一个大面积（具体不详）木材生产基地使用空中喷洒，目的是从耐药性强的针叶林中扫除阔叶林硬木。从一九四九年到一九五九年这十年时间里，施用除草剂的农田增加了一倍，达五千三百万亩。现在，施用除草剂的私人草坪、公园以及高尔夫球场的面积总和一定是个天文数字。

化学除草剂是一种花哨的新玩意儿，起效迅速，巨大的威力使施用者产生一种主宰一切的错觉。而施用除草剂可能存在的风险则被选择性无视，被认为是没来由的消极的胡思乱想。"农业专家"大力倡导"化学种植"，吹嘘喷枪的作用将超过犁耙。农药销售员、农药经销商们得到了千万个村庄的乡亲们的信赖，他们夸大其词地说不用很多花费便可消灭路边的灌木丛。他们宣传的最大卖点是施用除草剂比使用割草机的花费更便宜。在官方的表格文件中的数字或许确实如此，但是某些代价不是美元可以衡量的，比如被牺牲掉的自然风光和野生动植物。即使是就金钱方面而言，农药广告费用也是一个不小的金额。

不妨以游客评价为例来说明这种代价。原本美丽的道路风光因为施用农药而一片破败，蕨类、野花、浆果花朵装饰的灌木丛现在成了一幅惨淡、枯黄的景象。对此，不断有愤怒的抗议爆发。有一位新英格兰地区的女士给报社写信说："现在道路两旁变得脏乱、晦气、死气沉沉。可是我们耗费金钱宣传的是这里的美景，这会使游客们感到非常失望。"

一九六〇年夏，来自美国各地的自然资源保护主义人士在缅因州一座寂静的小岛上集会，听全美奥杜邦学会[1]主席利特森·托德·宾汉姆做讲演。讲演的主旨是保护自然景观，保护自微生物到人类的所有生物参与组成的生命整体。可是，出席会议的人士不停地议论着沿途见到的环境破坏情形，情绪愤慨。过去，此间道路两侧树木青翠，满是月季、香蕨木、赤杨和越橘。而现在，就只有一片深褐色的荒凉。一名参与会议的人这样描述此次旅行："开完会议……我对缅因州道路两旁自然风光被破坏感到痛心疾首。那里曾是遍地野花和灌木的胜景，现在只是连绵数英里的枯草残叶……这样的景象不免使游人倒胃口，对缅因州整体旅游形象的损害该由谁来承担？"

在全国范围内热火朝天的道路灌木扫除行动中，缅因州绝非孤例。当然，于我们这些喜爱缅因州自然风景的人而言，这实在是一件让人不悦的

---

[1] 全美奥杜邦学会：建立于一八八六年，在世界上同类组织中历史最为悠久。取名为奥杜邦学会旨在纪念美国鸟类学家、博物学家和画家约翰·詹姆斯·奥杜邦。

事情。

康涅狄格州园艺专家认为，消灭美丽的土生土长的灌木和野花，可以说是降临在道路两旁的灾难。在化学毒药的淫威面前，杜鹃、山月桂、蓝莓、越橘、荚蒾、四照花、月桂、香蕨木、矮唐棣、北美冬青（福来红）、美国稠李和野酸梅纷纷枯死。零星分布的雏菊、黑心金光菊、野胡萝卜花、秋麒麟草、秋紫菀一样不能幸免。

农药的施用不仅缺乏规划，还缺乏节制。新英格兰南部某个小镇的一位承包商，在对全部田地完成喷药后还有多余，于是他将剩余的药水倒在不应施药的田间空地上。于是，不再有金黄、靛紫辉映的秋日风光了。过去有人专程来此欣赏麒麟草和紫菀花的动人景色。另一个新英格兰小镇的另一名承包商，不经公路管理部门的同意擅自修改施药标准，将路旁喷药高度从四英尺提高到八英尺，把一道很宽的棕褐色痕迹印在了行道树上。马萨诸塞州有一名乡镇官员从积极推销的农药经销商处购得除草剂，在不知道其中含有砷的情况下喷洒在了道路两侧，结果毒死了十二头奶牛。

一九五七年，沃特福德镇在道路两侧喷洒除草剂，致使康涅狄格州植物保护区损失了许多树木。未被直接喷洒农药的大树也受到损坏。尽管是在万物复苏的春天，橡树叶子却出现蜷曲、枯萎的现象，紧接着迅速长出新枝，使树干歪斜。半年后，先前较大的树枝都枯死了，别的树枝落光叶子，留下一片扭曲、颓丧的情状。

众所周知，一条景色宜人的道路两旁，离不开大片赤杨、荚蒾、香蕨木和刺柏的装饰，四季常有鲜花盛开，秋天还会有宝石一样的累累硕果。道路上车辆不多，路况良好，急转弯和岔路口很少，灌木丛不影响驾驶员的视野。但是在喷药工人来到这里开始作业之后，这里变成人们不愿驻足的地方。不过有些地方官员没有推行强硬的政令来敦促农药的施用，这就使得一些美丽的绿洲得以幸存。可是，有了这些"绿洲"作为对比，那些凄凉的路旁景象更让人看了揪心。在那些有幸不受农药摧残的绿洲，眼前是摇荡的白色苜蓿花、连片的紫色野豌豆和火苗一样的百合花，使人感到精神振奋。

这些植物在销售和施用农药的人眼里要归类为"杂草"。在某个现在定期集会的防治杂草协会的会刊上,我看到一篇荒诞不经的文章,主题是所谓"除草哲学"。该文的作者提出,"与杂草长在一起"便是那些有益植物遭受屠戮的正当理由。那些为路边野花鸣不平的声音引发了这位作者的联想,使他想起反对解剖动物的人士,"以那些人的价值标准来衡量,一条无主的野狗的生命,比一个孩童的生命更加神圣不可剥夺"。

在这位高明的作者看来,我们这些人的价值观无疑是扭曲的。我们欣赏野豌豆、苜蓿草和百合花精巧、易逝的美,却憎恶仿佛野火扫过的路边惨状,憎恶枯死的灌木丛,憎恶原本挺拔的欧洲蕨枯萎、夭拉。我们这些人看起来是如此"愚蠢",宁可坐视"杂草"丛生,却对战胜大自然、消灭野草的壮举无动于衷。

道格拉斯法官说起他曾经参加的一次全国农业会议,议论当地住户对喷施农药消灭三齿蒿计划的抗议(就是本章前文所述及的计划)。参会者认为,一位老太太用野花将被破坏这样的理由阻止这个计划,这简直荒唐可笑。这位见识卓著并且富于温情的法官反驳说:"牧人寻找草场是他的权利,伐木工寻找树木是他的权利,那么她为何就无权寻找萼草或卷丹呢?""大自然赐予我们的审美价值,不比大山里的金矿、铜矿和木材少。"

当然,审美价值并不是我们保护道路两旁植被的唯一出发点。自然界的天然植物有着存在的合理性与必然性。乡间道路和田间小径旁的灌木为鸟儿提供了觅食、休憩和筑巢的空间,也为许多小动物提供了居所。在东部很多州,道路两侧生长的灌木和藤蔓植物大概有七十种,其中的六十五种被野生动物当作食物。

野蜂与别的授粉昆虫也把这里当作栖息地。它们对人类益处很大,但这一点时常被忽略。甚至农民都不能正确认识野蜂的作用,经常采取措施对它们进行绞杀。许多农作物和野生植物一定程度甚至完全的依靠授粉昆虫来实现授粉。在农作物授粉过程中起到作用的野蜂有几百种:光是采集苜蓿花的野蜂就达一百种。假如不是昆虫传播了花粉,在荒地上保持水土的大多数野生植物都要灭绝,从而影响整个区域的生态。森林和牧场里的不少牧草、灌木、乔木都要靠这些地方的昆虫来完成授粉，同时这些植物也是野生动物和牲畜的重要食物来源。当前的耕种方式和喷农药扫除灌木、杂草的举措，正在毁灭授粉昆虫的栖息地，这将破坏生命之间的紧密联系。

我们清楚，此类昆虫在农业和自然风光上的意义是十分重要的，应该善待它们，而不是毁坏它们的栖息地。蜜蜂和野蜂采集秋麒麟草、荠（jì）菜、蒲公英花等"杂草"的花粉来养育幼蜂。在苜蓿尚未开花时，蜜蜂靠野豌豆熬过早春。秋天，野蜂和蜜蜂只能靠着秋麒麟草的供给挨过严冬的能量储备。自然的节令非常准时，柳树开花的那天一定会出现一种野蜂。知悉这些事情的人不少，可还是会有很多人将化学毒药无节制地喷洒向大地。

似乎应该清楚固定栖息地对野生动物保护具有重要意义的人，又做出了哪些事情呢？他们中有很多持这样的观点：除草剂的毒性小于杀虫剂，不会对野生动物造成伤害，因此可以不受限制地使用。可是，在森林、田地、湿地及牧场大量施用除草剂，会明显地破坏野生动物栖息地，甚至是不可复原的永久性破坏。长期地看，毁灭野生动物的栖息地和食物来源，甚至比直接消灭它们更加残忍。

喷洒除草剂以消灭道路两侧周围植物的做法，带来的效果具有两重讽刺意味。事实是，这种做法不但没有解决问题，而且使问题更加严重了。大量喷洒的除草剂并没有一劳永逸地消灭道旁灌木，而是需要年复一年地施用。更讽刺的是，现在有一种精准喷药的方法可以解决问题，但人们并不采用。

治理道路两侧及周边灌木丛不是说要扫除青草以外的所有植被，而是处理掉长得过高、对司机视野造成影响或阻碍路标设置的植物。一般来说，需要处理的是大树和很高的灌木。多数灌木不算高，不会对安全带来很大的威胁。蕨类和野花就更无法造成安全隐患了。

提出"精准喷药法"的是弗兰克·艾格勒博士，那时他在联邦自然历史博物馆担任公路区域灌木丛治理委员会主任。大多数灌木都具有抵制乔木侵入的特性，而"精准喷药法"即是对这一自然规律的运用。相比较而言，草地更容易被乔木苗侵入。精准喷药的目的不是为了在路边扩张草地，而是要清除高大的树木来保障其他植物的生存。精准喷药一般只需一次就能起效，对某些药物耐受力高的植物则需要多喷洒一次。这样，既控制住了灌木，又保证乔木不会卷土重来。控制效果显著而花费最低的办法，不是喷洒化学药剂，而是别的植物。

这一方法已经在美国东部的某些地区针对其效果进行了测试。结果表明，经过恰当处理的地区，植被就能稳定下来，起码二十年中不需要再次喷药。喷药是由工人背着喷雾器步行操作的，这样才能精准地喷药；或者可以把压缩泵和药剂设置在卡车底盘上，但不是要进行地毯式喷洒。喷洒的对象限定在那些一定要除去的乔木和高大灌木上。这样一来，既保护了环境的整体性，也使得珍稀野生动物的家园不受破坏，灌木丛、蕨类和野花所创造的美景也不会被毁灭。

精准喷药法已经在少数地区被用来实现对植物的控制。不过固有的习惯很难被改变，地毯式喷药依然风行，耗费了大笔纳税人的金钱，不断地破坏着生态环境。实际上，不了解详细情况的人太多，才导致地毯式喷药依旧有市场。假如纳税人知道可以一劳永逸地解决问题从而减轻他们的负担，那他们一定会强烈要求改换治理方法。

精准喷药法有许多优点。可将用药量控制在最小便是其中之一。将药剂准确地喷洒在乔木根部，而不是漫天喷洒，这样做最大限度地控制了药品对野生动物的伤害。

2，4-D 和 2，4，5-T 及同类化合物是应用最广泛的除草剂。这些药物对人是否有害尚存争议。用 2，4-D 喷洒草坪时皮肤接触到药剂的人，有的患了神经炎，严重的甚至瘫痪。虽然这样的情况很少，但医学专家坚持认为这些药物的使用应该非常谨慎。2，4-D 还有别的潜在风险。研究显示，2，4-D 除草剂对细胞内呼吸的基本生理进程有影响，还会像 X 射线那样破坏染色体。最近的研究结论是，远低于致死剂量的 2，4-D 除草剂和别的某些药剂，都会使鸟类的繁殖出现异常。

不仅是直接的毒害，某些除草剂还会造成间接的危害。人们看到，一些施用过农药的植物会吸引野生食草动物和牲畜，而它们原本并不在这些动物的食谱中，这就让人感到奇怪。假如喷洒的是含砷类有毒除草剂，那这些动物就要面临灭顶之灾。假如植物本身有毒或者生有芒刺，即使是毒性微弱的除草剂也会对动物带来死亡的威胁。例如，草场上有毒的杂草在除草剂的加持下强烈地吸引来牲畜，就会造成牲畜中毒死亡。兽医资料里记录了很多这样的案例：猪吃了洒过药的苍耳后患病，羊羔吃过沾药的蓟草后得病，蜜蜂在喷过药的荠菜花上采集花粉而中毒。2，4-D 除草剂让野樱桃叶子具备了对牲畜的吸引力，而其含有剧毒。或许，产生这种吸引力的原因是，喷过药（或剪割过）的植物会干枯变形，从而使牲畜产生了错误的判断。豚草是另外一个例子。家畜一般不吃豚草，只是在冬日将尽、饲料匮乏的时日里被迫食用。但是 2，4-D 除草剂会改变牲畜对豚草的态度，变得乐于食用。

化学药剂改变植物代谢或许可以解释牲畜的异常行为。喷洒过农药后，植物内部糖含量明显提升，于是变得更吸引动物。

2，4-D 除草剂的另外一种奇怪药效严重地危害了牲畜、野生动物和人类。大概十年前的研究实验证明，2，4-D 除草剂能够急剧提高玉米、甜菜中的硝酸盐含量。于是可以推测，高粱、向日葵、紫鸭趾草、蔓生藜草、苋（xiàn）菜、蓖（bì）麻等植物也会受 2，4-D 影响出现这种现象。这些植物中的一部分种类家畜并不吃，但施用过 2，4-D 除草剂后就让牲畜对其兴趣大增。有农业专家说，很多家畜的死亡都与喷施过农药的杂草有关系。大量的硝酸盐对反刍动物非常危险，这是它们自身生理特性决定的。多数反刍动物的消化道都很复杂——胃有四个腔室。其中一个腔室里存在消化纤维素的瘤胃细菌。当食用的植物含有大量硝酸盐时，反刍动物胃中的瘤胃细菌会将其转化为亚硝酸盐，而亚硝酸盐会产生致命的影响：亚硝酸盐和血红素结合生成一种褐色物质，该物质能阻碍氧气的传送，使肺无法向全身各处组织供应氧气，于是牲畜在几小时后便会缺氧死亡。这就是家畜误食喷洒过 2，4-D 除草剂的植物后死亡的原理。其他反刍类野生动物鹿、羚羊、绵羊、山羊面临着相同的威胁。

使硝酸盐增加的因素有很多，比如非常干燥的天气，但2，4-D除草剂的大量使用无疑是重要原因。这种状况引起了威斯康星州州立大学农业研究站的关注，并着力于证实一九五七年发出的警告——"2，4-D除草剂杀灭的植物中或许存在大量亚硝酸盐"。除草剂引起植物亚硝酸盐含量增加还会对人类带来危害。最近频发的"粮库死亡"怪事就是例子。粮库里储藏了含有大量亚硝酸盐的玉米、燕麦、高粱，它们会释放有毒气体一氧化碳，威胁仓库工人的生命。在这样的环境中呼吸几下，就会引起吸入性肺炎。在明尼苏达州州立大学医学院有这样的病例，最后仅有一名患者幸运地存活了下来。

洞察问题实质的荷兰科学家C.J.布雷约谈到除草剂使用时这样说："我们对待大自然，就像是误入瓷器店的大象那样莽撞、暴力。我认为人类对情况的认识是片面的，在没有真正了解植物对人类的影响时，就消灭了太多的植物。"

杂草与土壤的关系很少引起人们的思考。就算是只为自身的利益考虑，也不能无视杂草可能有益于土壤这一事实。土壤和生存在土壤里的动植物是互利共生的状态，这是我们已经知道的。但我们忽视的一个问题是，杂草虽然抢夺了土壤中的养分，可是它对土壤也存在保护作用。近日发生在荷兰某地几家公园的事情便是例证。种植玫瑰的土壤里发现了大量线虫。荷兰植物保护协会的专家并没有建议喷洒农药或者实行土壤治理，而是建议在玫瑰丛中套种金盏花。被完美主义者视作"杂草"的金盏花会从根部分泌出杀死土壤线虫的物质。这个建议被接受了。为了验证效果，一部分玫瑰花丛间套种了金盏花，另外的作为对比没有种植。效果十分明显，套种了金盏花的玫瑰生长茂盛，没套种的则枯萎凋零。这种防治土壤线虫的方法已经在很多地方应用。

人类或许意识不到，他们消灭的植物里有很多都对土壤有益。被蔑称作"杂草"的自然植物族群具有衡量土壤优劣的重要功能。可是，喷洒过农药的土壤就不再具有这样的功能了。

动不动就主张喷洒农药的人，看不到保护自然植物群落所具有的重要科学意义。与自然植物族群做对照，人类可以观察自身活动对自然环境的影响。自然植物族群可以为昆虫和其他微生物提供栖息地以维持它们的种群稳定。本书第十六章将讨论不断提升的抗药性所引发的昆虫和其他微生物的遗传变化。科学家曾提议，在昆虫、螨虫的遗传物质有更大变化之前，应该设立专门的保护区保护它们。

有一些科学家发出警告，长期使用除草剂会带来隐藏的危害深远的植被改变。2，4-D除草剂不单会消灭阔叶植物，还会使野草失去竞争而疯长，其中一些已经泛滥成灾而不得不采取灭杀措施，带来新的"杂草"问题。最新的农作物专业期刊上谈到这样的怪事："推广开来的2，4-D除草剂彻底消灭了阔叶杂草，但禾科杂草逐渐开始危害玉米和大豆的种植。"

人类妄图控制自然的举动，有时反而是自作自受。作为枯热病主要病原的豚草就是一个例证。为了防治豚草，数千加仑的农药被喷洒到道路两侧。可是结果不如人意，豚草不但没有减少，反而长得更旺。作为一年生的草本植物，豚草需要开阔的空间来繁殖。所以，让灌木、蕨类植物和别的多年生植物生长得茂盛，不给豚草留下空间，便是最好的防治办法。大量喷药杀死了别的植物，相当于给豚草的扩张腾出了空间。还有，城市闲置空地和轮作田地里的豚草已向大气中扩散了更多的花粉，相比而言路旁的豚草就显得无足轻重了。

另一例无效却广泛应用的杂草清除办法是马唐草除草剂的大量施用。有一种比每年喷药更便宜、更有效的办法，即为马唐草制造竞争对手，使其处于不利的生存环境。马唐草的特性是只能在生长不佳的草地上存活，而且这不是因为患病。增加土壤的肥力使其他植物生长茂盛，就能占据马唐草的扩张空间，实现治理的目的。

郊区住户看不到这些，他们宁愿相信被农药厂家洗脑的园艺工人的提议，每年在家门口的草地上喷洒农药对付马唐草。汞、砷和氯丹等毒物在许多农药里都有添加，但是商品说明书上没有任何显示，按照推荐用量喷施会产生大量残留。例如，某种农药按照说明书使用，就等同于往一亩地里施用六十磅氯丹，而另外一种农药，则等同于在一亩地施用了一百七十五磅砷。在后边的第八章中，会谈到鸟类因此受到的伤害。这样带毒的草地对人类而言无疑也是危险的。

在道路及周边进行精准施药，带来了无害化生物治理的曙光。田地、森林和牧场都可以采用这样的治理方法。生物治理要有大局观，不能以消灭某种植物为目的，而要考虑到整体生物族群。

人类在植物治理领域已经展现出了可靠的实力。生物防治可以有效地控制住人类不需要的植物。现在人类所要应对的很多问题，大自然都曾经用它的方式顺利解决过。人类应该了解自然，向自然学习，用同样的方式成功解决问题。

这方面的一个典型案例是在加州对克拉马斯草的治理。克拉马斯草，也叫山羊草、圣约翰草，原产欧洲，被早期欧洲移民带到美洲大陆，首次被观察到是一七九三年在宾夕法尼亚州兰开斯特市附近，到一九〇〇年在加州克拉马斯河流域出现，由此得名。一九二九年，克拉马斯草的生长范围已经扩张到十万英亩，而到了一九五二年，已经有大约两百五十万英亩的土地被克拉马斯草占领。

克拉马斯草跟三齿蒿这些土生土长的杂草不一样，它原本不属于这个生态链，不能对其他动物或者植物产生益处。相反，它会让牲畜"长出疥疮，嘴里溃烂，失去活力"。于是，被克拉马斯草侵占的土地卖不上好价钱。

在欧洲，克拉马斯草不曾带来麻烦，因为有大量的昆虫以它们为食，也就不可能泛滥。特别是法国南方的两种甲虫，它们跟豌豆那样大小，闪动金属色的光泽，称得上与克拉马斯草共生，主要以其为食，繁殖后代也离不开它。

一九四四年，人们第一次把这两种昆虫引进美国。这是利用昆虫进行生物治理在北美洲的首次实践，具有里程碑意义。到了一九四八年，这两种甲虫已经大面积增殖和扩张，不需要再从海外引入。采用昆虫治理的步骤是，首先在原产地收集，接着将上百万只虫子投放出去，让它们扩散。

先是在小区域内，吃光这里的克拉马斯草，然后很快就能自发找到新的草场。克拉马斯草被甲虫控制住以后，满足人类要求的新牧草就可以旺盛地生长起来。

一九五九年，一项长达十年的调查完成，结果显示，用甲虫进行生物治理使克拉马斯草快速减少到高峰时的百分之一，"比最乐观的预期还让人满意"。大量繁殖的甲虫不会危害人类，而且为了防止克拉马斯草再次成灾，也需要有一定数量的甲虫保持存在。

类似的小成本、大效果的杂草治理案例在澳大利亚也出现过。早些年的殖民者都习惯于携带动植物到新国家。一七八七年，亚瑟·菲利普船长带着仙人掌到了澳大利亚，尝试用它饲养胭脂虫，而后者可做染料。有一些仙人掌流散到了野外，到一九二五年时野外大约有了二十种仙人掌。在这块新的土地上，仙人掌没有竞争对手和天敌，因而不受限制地疯长，最后扩张到大约六万英亩土地的范围。这里有一半以上的土地因为仙人掌（球）过于密集，而失去了利用价值。

一九二〇年，澳大利亚的昆虫学者去到南、北美洲，在那里找寻仙人掌的昆虫天敌。在验证了多种昆虫之后，于一九三〇年选中了一种阿根廷飞蛾，将三十亿颗虫卵投放到澳大利亚。经过七年时间，不再有成片茂密生长的仙人掌，都变成了适宜人类居住、放牧的土地。这项治理运动的花费平均到每英亩土地还不到一便士。而过去采用的喷洒农药的方法每英亩要花去十英镑。

以上两个事例都说明，人类想要按照自己的意愿消灭某种植物，最好是找到一种相关的食草类昆虫。这类昆虫食性奇特，往往只摄食某种特定的植物，这一习性正可以为人类所利用。可是现在的牧场管理学毫不重视这一点。

第七章 不必要的剿灭

人类在为了实现征服自然的目标而不断奋进的过程中，制造了一连串破坏大自然的罪恶记录，既祸害了哺育人类的地球环境，也伤害到与其分享地球环境的其他生物。最近几百年发生了很多恶劣的事情：在西部平原毁灭性地屠杀野牛，为了牟利大肆捕杀海鸟，为了得到白鹭羽毛而造成其几乎灭绝。现在，这样的恶行愈演愈烈：随意滥用的杀虫剂毒杀了鸟类、哺乳动物、鱼类和别的野生动物。

人类觉得自己有权掌控万物的命运，因此自己手中的喷药枪是无可阻挡的。在人类剿灭昆虫的战役中，意外被害者是无关紧要的。假如知更鸟、野鸡、浣熊、猫或者牲畜恰巧跟要被剿灭的昆虫居于同处，而被杀虫剂毒害，那也不应该对此提出抗议。

现在，呼吁保护野生动物的人陷入两难。一方面是环保主义者和野生动物研究者，他们信誓旦旦地宣称杀虫剂危害到野生动物，有些甚至是毁灭性的；另一方面是昆虫治理部门，他们矢口否认杀虫剂会造成这些危害，称假使危害存在也是非常轻微的。哪一方更值得相信呢？

证人本身必须可靠。野生动物研究者实地进行了野外调查，对杀虫剂影响自然环境的真实情况最有发言权。昆虫学家的专业领域是昆虫，因此对野外的生态环境往往不够关注。一方面他们缺乏专业的野外经验，另一方面先入为主地否定了治理昆虫运动会破坏环境。而且，联邦政府和各州的昆虫治理专家以及杀虫剂厂商严肃地反驳了野生动物研究者，称缺乏直接有效的证明昆虫治理破坏环境的证据。这些人就像是《圣经》里讲述的牧师和利未人，见到需要帮助的人却装作看不见。就算我们心怀宽容，理解这些人士为了牟利而目光短浅，但绝不代表我们相信他们的辩解。

要做出自己的判断，最好是去了解一些大的昆虫治理运动，请教一些熟知野生动物习性并且不偏向于使用农药的调查组，询问毒药像降雨一样落到野生动物世界后究竟发生了什么。

在爱鸟人士、以在自家庭院看鸟为乐的郊区住户、猎人、渔人以及户外运动爱好者这些人看来，一切危害野生动物的举动，即使只持续一年，也侵犯了他们享受自然的权利。这是非常正当的权利诉求。虽然有时施药过后，一些鸟类、哺乳动物和鱼类会恢复，但不可否认农药已经造成了巨大的危害。

实际上，动物种群不太可能自我恢复。人类不会只喷洒一次农药，因此野生动物很少有自我恢复的机会。通常喷药过后环境会遭受毒化，不仅原有的动物会死去，新迁来的动物也面临威胁。喷药的面积与带来的危害呈正相关，大面积的喷药使得安全绿洲不复存在。最近十年，昆虫治理运动如火如荼，上百万英亩的土地被喷洒了农药。不管是在私人土地上还是在公共土地上，喷洒农药的面积都在急剧增加。不断增加的还有全美野生动物死亡统计数字。让我们回顾一下这些治理行动的具体情况。

一九五九年秋，在密歇根州东南包括底特律的两万七千英亩土地上，实施了艾氏剂（一种毒性极强的氯代烃类农药）空中喷洒。密歇根州农业管理局和联邦农业部组织实施了这次喷药，对外宣传的目的是防治日本甲虫。

如此大动干戈而破坏力十足的行动不是非做不可。密歇根州最著名、最博学的博物学家沃尔特·尼克尔就反对这次行动。他终生投身于田野调研，每年夏天都会花时间去密歇根南部调查。他说："根据我三十多年的直接观察，底特律很少有日本甲虫，并且一直不曾出现显著的增多趋势。我只在底特律政府设立的捕虫器里看到过几只，到目前（一九五九年）为止还没有在别的地方看到它们……我并没有收到过任何关于金龟子泛滥成灾的消息。"

密歇根州政府方面发布的官方声明只是说在那些区域里"出现"了日本甲虫。尽管理由不够充分，但在州政府提供人力并监督执行，联邦政府供应设备与支援人手，乡镇供应杀虫剂的火热局面中，这项行动还是顺利实施了。

日本甲虫是意外进入美国境内的。一九一六年，在新泽西州里弗顿镇的园林中有人看到了闪动着金属色泽的绿色甲虫。开始没有人知道这种虫子叫什么，后来才知道是日本本土的一种常见昆虫。很明显，正是一九一二年国会通过的《植物检疫法》给了它们藏身于进口苗木然后"偷渡"的机会。

密西西比河以东地区的气温和湿度非常适宜日本甲虫生存，因此它们在这些州快速扩张，它们的分布范围逐年扩张。在这些较早受到日本甲虫侵袭的地区，自然防治手段被采用。很多记录证明，采取自然防治的地方，日本甲虫的数量较低，处于可控制范围内。

虽然有东部防治日本甲虫的成功经验可供参考，目前面临着甲虫入侵的中西部，还是采用了毒性巨大的农药来消灭这种普通的昆虫。本来是向日本甲虫喷洒剧毒农药，但漫无目的的喷药方式让大批居民、家畜和野生动物接触到毒药。这些防治活动已经导致大批动物死亡，也直接地威胁到人类。在密歇根州、肯塔基州、爱荷华州、印第安纳州、伊利诺伊州及密苏里州等不少地区，打着"防治日本甲虫"的旗号，进行了空中喷药。

密歇根是最早进行大规模空中喷药以防治日本甲虫的州之一。他们选择了剧毒的艾氏剂，不是因为这种农药适合防治日本甲虫，而是因为艾氏剂在可选择范围内最便宜。州政府一方面通过官方媒体承认艾氏剂"有毒"，另一方面却暗示在人口密集的地方施用艾氏剂不存在危害。有人提出问题："需要采取什么样的保护措施？"官方回答是："你丝毫不用担心。"全美航空局一位官员对喷药效果的评价被当地媒体报道："空中喷药十分安全，不必有任何忧虑。"底特律一位园林和休闲部门的负责人也信誓旦旦地说："艾氏剂对人和动植物来说都是完全无害的。"可以肯定，这些官方人士没有看过全美公共卫生研究院、鱼类和野生动植物研究院公开出版的艾氏剂危害研究报告，当然也没有查阅别的关于艾氏剂毒性的研究文献。

密歇根州防治害虫的法规规定，州政府可以不经私人土地主同意而喷洒农药。于是，数不清的飞机盘旋在底特律上空喷药。市政府和全美航空局被公众焦虑的呼声所包围。据《底特律新闻报》报道，由于在一个小时中接到了大约八百个来电，当地警方请求广播台、电视台和报社"向公众解释发生的情况，并且使他们相信这一行动是安全的"。全美航空局负责安全的官员告诉公众，"飞机处在严密监督之中"，具备"低空作业资质"。为了缓解公众的紧张情绪，他又做了可能适得其反的进一步说明。他告诉公众飞机装有紧急开关，假如有突发情况可以立即把农药倾泻而出。幸好，没有遇上需要"立即把农药倾泻而出"的突发情况。不过，当飞机开始作业，农药颗粒不会只落在日本甲虫身上，肯定也会落在人们身上。海量"保证安全"的化合物落在外出采买和工作的人们身上，落在中午放学回家吃饭的孩子们身上。家庭女主人将门廊和人行道上"雪一样"的小颗粒扫起来。过后，密歇根州奥杜邦协会这样描述："几百万颗比针尖还小的艾氏剂白色颗粒，落进了房顶天花板缝里、房檐排水管里、树皮和树枝缝隙中……假如风雪来临，任何一个小水沟都会变成致命的威胁。"

喷药结束后没过几天，底特律奥杜邦协会接连收到关于鸟类死亡的来电。安·博伊斯女士是该协会的秘书，她说："周日上午，一位女士给我打电话说，她从教堂往家走的路上发现大量死亡或垂死的鸟。那里是在周四进行了喷药。那位女士在电话里说天上已经看不到鸟了，而她在自家院子里看到了至少十二只死鸟，她的邻居还看到了死田鼠。"博伊斯女士那天接到的来电还说："大量的死鸟，找不到一只活的……院子中准备了鸟食的人说，完全看不见来觅食的鸟。"拾起地上那些垂死的鸟，发现它们都表现出典型的农药中毒症状：战栗、无法飞行、瘫痪和惊厥。

受到直接危害的动物不只有鸟类。当地一位兽医说，他的诊所里全是带猫狗看病的人。猫喜欢把身上的毛理顺，把爪子舔干净，似乎这样的习性让它们中毒更深。它们的主要症状表现为不断上吐下泻和抽搐。兽医能给出的唯一建议是最好不要带宠物去室外，假如去了要及时清洗爪子和皮毛。（蔬果上的氯代烃不能完全清除，所以这些措施的效果也很有限。）

尽管地区卫生官员认定鸟类死亡另有原因，认定人类出现的咽喉、胸腔不适均与艾氏剂无关，但投诉还是不间断地被送到卫生部门。有位知名的底特律内科医生曾在一个小时里接诊了四位患者，他们都因为围观飞机喷药而接触到艾氏剂。四位患者都出现了这样的症状：恶心呕吐、忽冷忽热、全身无力、咳嗽。

随着用农药治理日本甲虫的呼声在各地越来越高，底特律发生的事情在别的地方不断重演。在伊利诺伊州蓝岛市，上千只死亡或垂死的鸟被人们捡到。从给鸟做标记的组织那里获得的数据表明，80% 的鸣禽被毒死。一九五九年，伊利诺伊州乔利埃特市有大约三千英亩土地被喷洒了七氯。那里的一个户外俱乐部报告说，喷施了农药的地区，鸟类"已经灭绝"。到处可以看到死去的兔子、麝（shè）香鼠、负鼠和鱼。当地有所学校把收集中毒死亡的鸟类作为一项科学研究活动来开展。

为了彻底消灭日本甲虫，伊利诺伊州东部谢尔顿市和易洛魁县附近地区付出了最大的代价。一九五四年，美国农业部与伊利诺伊州农业局联合行动，顺着日本甲虫在该州的扩张线路开展剿灭行动。他们非常期待，也非常有信心通过大量喷洒农药来剿灭侵入的甲虫。那一年进行了第一次"剿灭行动"，一千四百英亩土地接受了空中喷药。第二年又对另外两千六百英亩土地进行了喷药作业。当时的看法是行动已经顺利完成。没想到的是，后来有越来越多的地方需要喷洒农药。到一九六一年年底，喷洒农药的土地面积达到十三万一千英亩。剿灭行动开始的前几年，野生动物和家畜大量死亡的消息就非常多了。可是，杀虫剂喷洒行动一直没有中断，尽管是在未和国家鱼类和野生动植物保护局或者伊利诺伊州狩猎管理局协商的情况下。（然而，在一九六〇年春，美国农业部的官员在国会对一项提前协商的议案提出了反对。他们委婉地指出，合作协商是"经常的"，不需要设立议案。他们不管那些地方与"华盛顿层面"曾有过不合作的情况，并且也明确表示不愿与地方渔业和狩猎管理部门合作。）

用于农药污染治理的资金不断拨付，但伊利诺伊州自然历史研究所里的生物学专家仍然缺乏测定农药对野生动物伤害所需的资金。一九五四年，野外研究助理人员的薪水只有一万一千美元，而次年则直接没有薪水了。尽管有如此多的掣肘，生物学专家还是获取了大量证据，进而描述出一幅野生动物遭遇灭绝的惨烈景象，并且在剿杀行动开始时就出现了这样的景象。

捕食昆虫的鸟类的中毒情况既与杀虫剂种类有关，也受到喷药方式的影响。在谢尔顿市开始施用农药之初，药量施用标准是每英亩三磅狄氏剂。要搞清楚这些药剂对鸟类产生的危害，只需清楚一点，即实验室中在鹌鹑身上的试验显示，狄氏剂的毒性是DDT的五十倍。这就相当于，在谢尔顿市的任意一英亩土地上都有一百五十磅的DDT！考虑到田地边界和角落会进行补充喷药，真实的毒药剂量一定是大于这个数值的。

农药渗进土壤里，中毒的甲虫幼虫钻出地表，继续在土壤表面存活一段时间，吸引鸟来捕食。施用农药两周后，大量已死和将死未死的昆虫出现在地面上。可想而知鸟类数量会如何改变。褐弯嘴嘲鸫、八哥、草地鹨（liù）、鹩哥、野鸡都难觅踪迹。有生物学者说，知更鸟"濒临灭绝"。下过一场小雨后，地上会有大量中毒死亡的蚯蚓，很有可能是知更鸟吃掉了死蚯蚓进而中毒死亡。其他鸟也面临这样的事情。经过剧毒农药的污染，原本有益的雨水变成了致死的毒药。喷药几天后，在积水坑中喝水、洗澡的鸟都被死神带走。

侥幸偷生的鸟也可能丧失了生殖功能。虽然喷药区域还能见到一些鸟巢，但是有鸟蛋的很少，孵出雏鸟的则根本没有。

在哺乳动物里，地松鼠已灭绝，死尸是中毒暴毙的模样。喷药地区还能见到死麝香鼠，农田里还有许多死兔子。狐鼠原本在镇上很常见，但施药之后就找不到了。

剿灭日本甲虫的行动开始之后，就很难在谢尔顿市的农场里看到猫了。喷洒过第一遍狄氏剂后，农场里80%的猫中毒死亡。类似这样糟糕的事情在别的地方曾经发生过，原本可以避免在这里重演。所有的杀虫剂（尤其是狄氏剂）对猫都是可怕的。在爪哇西部世界卫生组织开展了抗疟运动，运动中发现有很多猫中毒死亡。爪哇中部死亡的猫最多，引起猫售价翻倍。相似的，世界卫生组织在委内瑞拉防治疟疾，也使当地猫的数量减少，变成了濒危动物。

在谢尔顿市剿灭日本甲虫的行动中，遭殃的不只是野生动物和家养宠物。通过观察一些羊群和牛群发现，牲畜也被毒药威胁到性命。自然历史研究所的记录中有这样的描述：

> 羊群在一条沙石路上前行，穿过五月六日喷洒过狄氏剂的农田，来到紧邻着的一个没有使用农药、生长有野生牧草的小牧场。很明显，一部分农药粉剂随风散落在牧场上，因为那群羊中马上就有中毒的症状出现……停止吃草，躁动不安，顺着牧场篱笆来回走动，明显是在找寻出口……怎么赶它们也不走，只是不停地叫着，垂下脑袋站在那里。最后，牧羊人费尽周折才把它们带出了牧场……它们似乎非常口渴。在流过牧场的小溪里有两头死羊。剩下的羊费了很大力气驱赶才离开那里，其中几头甚至不得不拽着才脱离了险境。后来有三只羊还是死了，其他的羊慢慢恢复过来。这些发生在一九五五年年底。接下来的几年里农药"武器"一直在不停地开火，但是研究经费却彻底断绝了。自然历史研究所每年都向伊利诺伊州立法机构提交经费申请，以研究杀虫剂对野生动物的影响为名义，但总是无法获得批准。到了一九六〇年才获批一小笔数目可怜的费用给野外调研助理发薪水，而这位助理一个人干的是四个人的工作量。

从一九五五年中断研究到一九六〇年重启研究，这段时间里野生动物一直遭受毒害，而且人们所施用的药剂从狄氏剂换成了更毒的艾氏剂。通过在鹌鹑身上实验发现，艾氏剂的毒性相当于同剂量 DDT 的一百到三百倍。到一九六〇年，生活在这里的每种哺乳动物都受到程度不同的伤害。受害最重的是鸟类。在多诺万镇再也看不到鹩哥、八哥、褐弯嘴嘲鸫和知更鸟了。在别的地方，这些鸟以及其他许多鸟类都大量减少。打野鸡的狩猎者最直接地看到了"剿杀日本甲虫"所带来的后果。凡是喷洒过农药的地方，野鸡窝减少一半左右，每个窝里孵出的雏鸡也减少了。过去几年这里吸引了大批打野鸡的人，现在没有野鸡了，那些人自然也就不来了。

以剿杀日本甲虫为名义的这场运动，严重破坏了自然环境。可是，在易洛魁县十几万英亩土地上长达八年的日本甲虫防治经验告诉我们，施用农药只能收获一时的效果，长期来看日本甲虫一直没有停止往西部扩张。这次的防治活动花费巨大但效果寥寥，负面影响却难以知晓，因为伊利诺伊州的生物学者只能推算出一个野生动物死伤数字的最小值。假如经费允许，研究者们可以对所有农药污染区域进行调查，将得出更加惊人的结论。治理日本甲虫的这八年时间里，用于调查研究野生生物的经费仅有六千美元。可是，这期间联邦政府投入于杀虫行动的资金高达三十七万五千美元，还要加上州政府投入的几千美元。所以，研究费用在这次灭虫行动全部经费中的占比不足百分之二。

中西部对日本甲虫的扩张极度恐慌，似乎要不遗余力地消灭甲虫。但他们对情况的认知其实是错误的。这些饱受农药污染毒害的地区，那里的人们要是知道早期日本甲虫在美国的防治历史，他们肯定不会选择大量施用农药。

日本甲虫侵入东部各州的时候，还没有出现人工合成的杀虫剂，这无疑是幸运的。虫害被有效地治理，而且没有造成对其他生物的伤害。不像底特律和谢尔顿市那样声势浩大地喷洒杀虫剂，东部主要采用平和的自然控制手段，表现出在长效和安全等方面的优势。

日本甲虫一进入美国本土，在没有天敌的情况下开始了十几年的飞速繁殖扩张。可是到了一九四五年，日本甲虫的繁殖扩张就不再构成威胁。因为人们从远东引入了寄生虫和致病微生物，有效地控制住了甲虫的数量。

从一九二〇到一九三三年，科学家们在日本甲虫的原产地进行了艰辛的调查研究，最终选择了三十四种肉食昆虫和寄生昆虫，将其引入美国实施自然控制。后来有五种昆虫顺利在东部扎下了根儿，最有效并且分布最广的是一种原产中国和韩国的寄生性黄蜂。当雌蜂发现土壤中的日本甲虫后，向幼虫注入毒素使其瘫痪，接着在幼虫体内产下一颗卵。当幼蜂孵出后，会吃掉瘫痪的甲虫幼虫。在大约二十五年中，联邦政府和各州不断合作实施推广计划，使得这种黄蜂在东部的十四个州繁衍开来。昆虫学者非常信赖这些黄蜂在治理日本甲虫灾害上所发挥的作用。

还有一种细菌引起的疾病起到了更重要的效用，它危害到日本甲虫所在的整个鞘（qiào）翅目的所有昆虫。但是这种细菌还具有一种特性：对其他昆虫是无害的，对蚯蚓、恒温动物和植物也是无害的。这种细菌的芽孢存在于土壤中，被日本甲虫幼虫吞食后进入其血液，接着迅速增殖，使得幼虫的身体变为不正常的奶白色，因此这种病又被称为"牛奶病"。

一九三三年，牛奶病在新泽西州第一次被人们发现。到一九三八年，所有日本甲虫侵占的地区都爆发了这种病。一九三九年，为了使这种疾病更快地蔓延，人们实施了一项计划。科学家们没有找出人工载体来培养病菌，但是找到一种合适的替代方法：将患病的日本甲虫幼虫碾碎、风干，与白色土粉混合。按照计划的要求，每克土中会含有一亿个病菌芽孢。一九三九年到一九五三年这段时间里，东部这十四个州有九万四千英亩土地按照联邦政府和州政府的计划实施了治理计划，其他属于联邦政府的土地也实施了治理，还有一大片面积不详的土地由私人组织或个人进行了治理。一九四五年，康涅狄格州、纽约州、新泽西州、特拉华州和马里兰州等州的日本甲虫都受到病菌芽孢的威胁。在某些实验地区，甚至有94%的日本甲虫幼虫感染了病菌。一九五三年，政府不再推动牛奶病病菌芽孢的扩散，改由私人研究机构负责，继续服务私人、园艺协会、市民组织和其他需要防治日本甲虫的人。

在以上这些东部地区，日本甲虫已经被很好地控制住。病菌芽孢在土壤中的活性可以维持多年，并且会在自然的作用下一直扩散、一直增强效力，形成一种永久的防控机能。

尽管东部地区治理日本甲虫的经验是如此成功，但伊利诺伊州等中西部地区却舍弃这种方法转而去使用农药，这又是为什么呢？

一种理由是奶牛病病菌芽孢的扩散计划耗资巨大。可是，二十世纪四十年代东部的十四个州为何没有顾忌这一点？"耗资巨大"的说法是怎么得来的呢？跟在谢尔顿市全面而大量地喷洒药物所需的费用，是完全不能混淆的。持"耗资巨大"观点的人没有认清这样一个事实：病菌芽孢投施一次就会永久起效，不需要后续追加投入。

还有一种理由是在日本甲虫扩张边缘地带不适用牛奶病菌芽孢，认为在这些地方分布的日本甲虫幼虫很少，不能给病菌芽孢提供宿主。这种说法像支持施用农药的说法一样，是站不住脚的。牛奶病致病菌对至少四十种甲虫有致病作用，这些甲虫在非常广的区域里分布。因此在日本甲虫数量稀少甚至没有的地区，牛奶病也会扩散开来。另外，病菌芽孢在土壤中可以维持很长时间的活性，可以潜伏在尚未出现日本甲虫幼虫的地方，可以像现在日本甲虫分布的边缘地区那样，等待着日本甲虫的扩张。

显然，追求立竿见影的治理效果的人，无论如何都会坚持用农药来对付日本甲虫；那些从现代"定时淘汰"[1]规则中获益的人，认可化学治理不断重复性投入的特点，自然也会主张施用农药消灭日本甲虫。

与之相反，那些愿意等待一两个季度以收获圆满结果的人，选择的是牛奶病菌芽孢。时间会证明他们的选择是正确的，病菌芽孢的防控效果会越来越强，实现对日本甲虫的持久防控。

位于伊利诺伊州博奥利亚的美国农业部实验室正在进行大量的研究工作，旨在培育牛奶病菌芽孢的人工载体。假如研究成功，成本将降低不

---

[1] 定时淘汰：工业设计和经济学领域的一个概念，即使用寿命在设计之初就已经确定，达到这一时间产品就会过时、不适宜继续使用，也称作"自我内部报废"。

少，对这项技术的推广十分有利。经过几年时间的努力工作，现在已经有不少对研究成果的报道。当取得"突破进展"时，我们在中西部抗击甲虫时失去的理智与清醒，或许能够恢复。

在伊利诺伊州东部施用农药所带来的不只是科学性思考，还是一个伦理性思考。思考的主题是：是否存在某种文明，可以无情地消灭其他生命，却不伤害自己，也不失去文明的体面？

杀虫剂的毒效没有精准的指向性，不可能只毒害我们需要消灭的物种。人们选择它的理由，只是因为它们有剧毒。于是，所有沾上毒药的动物都要中毒，不管是宠物小猫和耕牛，还是田里的野兔和空中的角百灵。这些动物完全不会危害人类，相反，它们和它们的同类丰富了人类的生活。可是，它们得到的是人类赠予的突发的可怕死亡。在谢尔顿市有观察者这样描述一只垂死的百灵鸟："它侧躺着，肌肉僵硬，无法飞起，也无法站直，但拼死扇动翅膀，爪子死命地在空中挥动，想要抓住什么，嘴大张着，呼吸急促。"更让人心生怜悯的是地鼠垂死时的景象："一副将死的典型表现。背部弯曲呈弓状，前肢死死蜷缩在胸口……头死命往外伸，口中有泥，可以推断曾啃噬土地。"

坐视生灵被无情地夺去生命，而作为人类，我们中有哪一个可以不受内心的责问？

第八章　不再有鸟儿歌唱

现在，在美国越来越多的地方，不再有鸟儿会在春天里放歌。过去，鸟儿会在早晨歌唱，现在却安静异常。鸟儿的歌声消失了，带给这个世界的多姿多彩和活泼生趣也消失了。这一消失的情况来得突然，毫无预兆，使还未被波及的人们没有丝毫察觉。

一九五八年，伊利诺伊州辛斯黛尔镇的一位家庭主妇在绝望之中写信给全美自然历史博物馆鸟类馆荣誉馆长、世界知名鸟类学者罗伯特·库什曼·墨菲：

> 在我们村子里，近几年来一直在对榆树喷洒农药。我们搬到这里是在六年前，那时这里有许多种鸟儿，于是我就搭了一个架子来投喂鸟儿。冬天，北美红雀、山雀、绒毛鸟与五子雀都飞来这里觅食。夏天，北美红雀和山雀还会带上它们的雏鸟。

> DDT 被喷洒了几年之后，镇上看不见知更鸟和椋鸟了。整整两年时间，在喂鸟的架子上看不到山雀，而今年还消失了红雀。在这附近筑巢定居的鸟儿好像就剩下一对鸽子，可能还有一窝猫

声鸟[1]。

孩子们在学校接受教育，清楚联邦法律保护鸟类禁止捕杀，所以我不知道该如何告诉他们鸟儿是被人类害死的。孩子们问："它们还会回来吗？"我哑口无言。榆树不断枯死，鸟儿也不断死去。政府有没有采取措施？可以采取哪些措施？我可以做些什么？

联邦政府推行大规模喷施农药的行动，为的是灭杀火蚁。一年以后，亚拉巴马州有位妇女写道："我们这个地方在过去的大半个世纪中，一直被称作'鸟类的天堂'。去年七月的时候鸟儿还比往年同期要多，但八月中旬却全部消失了。按照我的习惯，每天都要早起料理我最爱的那匹母马，它刚生下一匹小马驹儿。可是最近早起之后听不见一声鸟叫。这真是一件吓人的事情。人类究竟对这个和谐的世界做了什么？直到五个月后，才总算有一只冠蓝鸦和一只鹪鹩飞来。"

在这位妇女信中所说的那个秋天，还有一些来自美国南部密西西比州、路易斯安那州和亚拉巴马州的报告，内容同样不乐观。全美奥杜邦协会和全美鱼类及野生动植物管理部门联合出版的季刊《野外观察》也写到了这个让人震惊的情况，那些州的"很多地区竟然完全没有鸟类活动"。《野外观察》的报道依据来自一批经验老到的鸟类观察者，有多年野外观察经验的他们，非常熟悉当地鸟类的习性。有位观察者报告说，"那年秋季他驾车经过密西西比州南部，半天都看不到一只鸟"。路易斯安那州首府巴吞鲁日的一位观察者报告说，她放在户外投喂架上的食物"接连几个星期"都没有被吃过的痕迹。往年同期的鸟儿会吃光她家院中灌木上的果子，而今年树枝上还挂满果子。另外一位观察者报告说，他家的窗前"过去总是有四五十只北美红雀和别的鸟儿，一眼望去看到的是色彩艳丽的景象，现在却是一两只都很难看见"。西弗吉尼亚大学的莫里

---

[1] 猫声鸟：顾名思义，猫声鸟的名字就源于它像猫一样的刺耳叫声。一般在发怒或伤心的时候，它会发出这种叫声，平时它的叫声旋律美妙，也能模仿别的鸟的叫声。

斯·布鲁克斯教授专注于研究阿巴拉契亚地区的鸟类，他报告说"西弗吉尼亚地区鸟类消失的速度是惊人的"。

这里有一个故事可以看作鸟儿厄运的典型象征——有些鸟儿已经遭逢厄运，而所有的鸟儿都受到威胁。这就是知更鸟的故事。对于千百万美国人而言，第一只知更鸟的出现，预示着寒冬过去、春日降临。媒体竞相报道知更鸟到来的新闻，引发人们乐此不疲地在日常讨论这件事。随着候鸟飞回，树林冒出一层新绿，成千上万的人在天色微明的清晨，倾听知更鸟的合唱。可是，现在这一切都不一样了。我们甚至无法得知知更鸟还会不会回来。

知更鸟以及其他很多鸟类的生死，看上去跟美国榆树的命运关联得很紧密。从大西洋海岸到落基山脉，这种榆树见证了数千座美国城镇的历史，茂密的树荫装饰了道路、乡村和校园。现在，所有的榆树都患上了一种可怕的疾病，一种被很多专家"判了死刑"的疾病。失去榆树当然让人心痛，可是为了抢救已经无药可救的榆树而做的疯狂尝试，却会杀死大量鸟类，这无疑是更大的损失。遗憾的是我们可能要遭受这样的损失。

大约在一九三〇年，引起"荷兰榆树病"的真菌通过从欧洲进口的榆木段被带到了美国，这种榆木段是装饰行业要用到的板材原料。致病真菌侵入到榆树的导管里，释放出芽孢进入汁液流动扩散，分泌毒素，堵塞导管，使枝叶枯萎，最终使榆树死亡。患病榆树上的树皮甲虫会把病菌传给健康榆树。死亡榆树的树皮下满是甲虫挖出的洞，洞里满是真菌芽孢，芽孢寄附在树皮甲虫的身上，随甲虫的飞动而传播。所以，治理树皮甲虫是防治榆树病的关键一环。因此，美国不少地区特别是榆树密集的中西部和新英格兰，大面积施用杀虫剂已经成为常态。

这样大面积地施用杀虫剂对鸟类特别是知更鸟会造成什么样的影响？密歇根州州立大学的乔治·华莱士教授和他的学生约翰·梅纳最早回答了这个问题。一九五四年，梅纳开始博士学业，他选择了关于知更鸟种群的课题。这纯属无心之举，因为当时没有人认为知更鸟的数量会有大的变化。可是他的研究开始后，情况开始改变。后来的事情改变了他研究课题的性质，而且还剥夺了他的研究对象。

一九五四年，为了防治榆树病，密歇根州州立大学试着在校园内进行小规模的喷药行动。第二年，喷药范围扩大到东兰辛市。喷药区域不断扩张，再加上防治对象还包括舞毒蛾和蚊子，所以喷洒农药的场景就像是在下暴雨。

最初进行小范围喷药的一九五四年，一切都很正常。次年春天，迁徙的知更鸟照旧飞回校园。正如汤姆林森的散文《失去的树林》里的野风信子那样，知更鸟回到故地，"想不到会有灾祸临头"。但是，很快就有事情发生。校园里可以看到死亡或垂死的知更鸟。过去知更鸟觅食和栖居的地方现在却不怎么能见到它们。巢穴寥寥无几，幼雏也不怎么看到。后来接连几个春天都是相同的情形。施用杀虫剂的地方变成了死亡之地，飞回的知更鸟不出一周便要死去。然后，继续有知更鸟回来，当然也不能幸免，都是一副不住战栗的可怕死相。

华莱士教授说："春天的校园本该是知更鸟的家园，现在却成了墓地。"造成这一切的原因究竟是什么呢？最初，他猜测是某种神经系统疾病造成知更鸟死亡，但不久他就注意到"虽然喷施杀虫剂的人口口声声说'不会伤害鸟类'，但知更鸟确实是中毒死亡的。它们的死状是很典型的中毒症状：无法保持平衡，然后不停地战栗，接着昏迷不醒，最后死亡"。

种种事实证明，知更鸟不是直接中毒死亡的，是因为吃下带毒蚯蚓而间接中毒的。在一次研究实验中，研究人员误把校园里的蚯蚓投喂给小龙虾，致使小龙虾全部死亡。实验室里有一条蛇在食用蚯蚓后开始不停地抽搐。需要说明的是，蚯蚓是知更鸟在春天的主要食物。

很快，伊利诺伊州自然历史研究所（位于厄巴那）的罗伊·巴克博士破解了知更鸟死亡之谜。在一九五八年发表的著作中，巴克博士梳理了复杂的关系，证明知更鸟的死亡与美国榆树有关，而把两者联系起来的是蚯蚓。一到春天，开始对榆树喷药（通常按照每五十英尺高树身喷二至五磅DDT的剂量，在榆树密集分布的区域，相当于每英亩喷施二十三磅DDT），到七月份常常要补喷一次，剂量减半。强大的喷药器喷出药水柱，对准高大的树木喷个遍，不光杀死树皮甲虫，还会杀死授粉的昆虫、捕食昆虫的蜘蛛和甲虫等别的昆虫。药剂在树干和枝叶上覆盖出一层雨水冲不掉的薄膜。到了秋季，落叶在地面上慢慢腐烂渗入土壤。在这过程中蚯蚓发挥了作用。它们吃掉榆树叶，自然也吃掉了杀虫剂残留。这些残留在蚯蚓体内不断积累，浓度不断升高。巴克博士发现在蚯蚓的消化道、血液、神经和体壁里都存在 DDT 残留。很显然，一部分蚯蚓中毒死去，剩下的蚯蚓就成了有毒物质的"生物放大器"。到春天知更鸟回来时，这个循环中添上了新的一环。十一条大蚯蚓体内含有的 DDT 残留就足以使一只知更鸟中毒死亡。一只知更鸟一天要吃掉的蚯蚓数量远不止十一条，实际上它在几分钟时间里就能吃掉十一二条。

也有些知更鸟比较幸运，摄入的杀虫剂残留还不足以致死。但它们难逃不育的厄运，这也是导致知更鸟灭绝的另一种恶果。而且，不育的阴影已经威胁到当地所有的生物。现在，到了春天，只会有二十到三十只知更鸟，出现在密歇根州州立大学一百八十五英亩的校园里，而在没有喷洒农药的时候，这个数字不会小于三百七十只。在一九五四年，梅纳在观察的所有知更鸟鸟巢里都看到了鸟蛋。假如不喷施农药，到一九五七年六月底，校园里觅食的幼雏数量应该不会少于三百七十只（正常的新老更替），但梅纳观察到的幼雏却只有一只。次年（一九五八年），华莱士教授说："今天上半年，我在校园里没有见到知更鸟，也没听说有谁见到过。"

看不到幼雏的一种原因可能是筑巢繁育之前，一对知更鸟中的一只或者两只就已经死掉了。但是华莱士教授发现了一种更惊人的可能：鸟类的生殖功能被破坏。华莱士教授在一九六〇年参加国会委员会时报告说："……知更鸟和其他鸟类筑巢之后却没有产卵，即便是产下了鸟卵也孵不出雏鸟。在观察中发现一只知更鸟坚持伏窝二十一天，鸟卵还是没有一点动静。正常情况下只需要十三天就可以孵化出幼雏……经过分析我们看到，繁殖期鸟类的生殖器官中含有高浓度的 DDT……十只雄鸟睾丸里含有 30ppm 到 109ppm 的 DDT，两只雌鸟的卵泡里 DDT 浓度达到 151ppm 和 211ppm。"

很快，别的地区也报告出让人忧虑的研究发现。威斯康星大学约瑟夫·西基教授和学生在将喷药区域和未喷药区域进行对比之后，得出"喷药区知更鸟死亡率在86%—88%"这一结论。一九五六年，位于密歇根州布隆菲尔德山的柯兰布鲁克斯研究所为了研究榆树喷药导致的知更鸟死亡情况，要求人们把可能是死于农药中毒的鸟送给研究所实施化验。没过几周，研究所内过去空闲的设备全部投入使用，但无奈还是拒绝了很多人们提供的死鸟。到一九五九年，单单这一个地区就报告或上交了上千只被毒死的鸟。这其中知更鸟占多数（一位女士在电话里告诉研究人员，她家的草坪上有十二只死的知更鸟），此外还有别的六十三种鸟。

当然，向榆树喷洒农药所造成的危害是一系列连锁反应，知更鸟只是其中的一环而已。而且，喷洒农药的行动有很多，向榆树喷药仅是其中之一。大约有九十种鸟大量死亡，其中一些是郊区住户和业余爱好自然的人所熟悉的。在某些投施了杀虫药的城镇，筑巢育雏的鸟类数量整体减少90%。接下来将会讲到，各种鸟都在受到危害——在地面觅食的鸟、在树梢上觅食的鸟和在树枝上觅食的鸟，还有食肉的猛禽。

完全可以相信，吃蚯蚓等土壤生物维生的鸟类和哺乳动物都会像知更鸟那样面临死亡威胁。大约有四十五种鸟类吃蚯蚓。丘鹬就是其中之一。冬天丘鹬（yù）[1]会飞去南方，而那里近来有大量七氯被喷洒。现在有两项关于丘鹬的重大发现：一是新布朗士威野生丘鹬保护区的雏鸟数量锐减；二是在成年丘鹬体内发现大量DDT和七氯残留。

另外一些报告说有二十多种在地面觅食的鸟也出现大批死亡的情况，这不禁使人们感到不安。这些鸟以蠕虫、蚂蚁、蛆和别的土壤动物为食，而它们都含有毒药残留。大批死亡的鸟中包括三种叫声婉转的鸫鸟：橄榄背鸫、黄褐森鸫和隐夜鸫。还有在林间觅食发出沙沙响声的北美歌雀和白喉鸟，也成为榆树喷药活动的牺牲品。

哺乳动物也或直接或间接地参与到这种连锁反应里。蚯蚓在浣熊的食

---

[1] 丘鹬：一种鸟，体大而肥胖，腿短，嘴长且直。

谱中十分重要，而负鼠在春、秋两季也会吃蚯蚓维生。像地鼠和鼹鼠这样在地下活动的哺乳动物也要大量捕食蚯蚓，再然后被天敌鸣角鸮和仓鸮捕食，于是毒药残留就进入这些鸟的体内。春天暴雨过后，在威斯康星州有人见到几只垂死的鸣角鸮，很大可能是中毒了。还发现某些老鹰和猫头鹰肢体抽搐——有美洲雕鸮（xiāo）[1]、鸣角鸮、赤肩鵟（kuáng）[2]、食雀鹰和沼泽鹰。这很可能是因为它们捕食了肝脏和别的器官富集有毒药残留的鸟类和鼠类。

榆树喷药行动不仅仅危害在地面觅食的鸟类及其天敌。在农药喷洒过量的地方，所有在树上捕捉昆虫为食的鸟，例如红冠鹟鹩、金冠鹟鹩、食蚊鸟等善于鸣唱的鸟，都消失不见了。这些美妙的精灵在春天结伴来到森林，为这里增添了许多光彩。一九五六年春日将尽的时候，正是候鸟迁徙至此的时节，不幸碰上农药喷洒行动，结果鸟儿死伤殆尽。在威斯康星的白鱼湾，常年有上千只白喉林莺在此栖息。可是在一九五八年向榆树喷过杀虫剂以后，看鸟人只观察到了两只白喉林莺。要是把别的地方死亡的鸟也算进去，就是更大的一个数字了。有很多人们喜爱的漂亮鸟儿都死去了：黑白莺、黄莺、纹胸林莺、栗颊莺、在五月歌唱的橙顶灶莺、翅膀上有火红色彩的黑斑莺、栗色莺、加拿大莺和黑喉翠莺等。这些在树上觅食的精灵要么因为吃了有毒的虫子而毒发身亡，要么因为虫子死光后缺乏食物而饿死。

天上飞的燕子也面临严重的食物匮乏，它们像是在海中找寻浮游生物的鲱鱼，竭力在天上觅食飞虫。威斯康星的一位自然学者在报告中说："燕子深受其害。大家都在埋怨燕子比四五年前少多了。那时候，天上飞着很多燕子。但现在几乎没有了……造成这种状况的原因或许是杀虫剂使得燕子缺乏食物，又或者是燕子被毒药毒死。"

这位观察者的报告里还写到其他鸟的情况："还有一种数量明显减少

---

[1] 鸮：猫头鹰一类的鸟。

[2] 鵟：外形像老鹰的鸟，但尾部羽毛不分叉，全身褐色，尾部羽毛颜色稍淡，以鼠类等为食。

的鸟是鹟（wēng）[1]。小霸鹟近乎灭绝了，而体格强健的比霸鹟同样快灭绝了。今年春天我看见过一只，去年也是只看到一只。威斯康星州别的捕鸟人也都抱怨过这件事。过去会有五六对北美红雀固定地找我投喂，现在都不来了。我家的花园以前会引来鸫鹟、知更鸟、猫声鸟和鸣角鸮筑巢，现在见不到一只了。夏日清晨的鸟鸣再也没有了。还能见到的只是一些害鸟、鸽子、燕八哥和英格兰燕子了。这真是太糟糕了，让人痛心！"

在秋天对榆树进行的喷药，使毒药进入树皮间隙，或许是山雀、五子雀、凤头山雀、啄木鸟和褐啄木鸟大量死亡的合理解释。一九五七年冬，华莱士教授第一次在家中的投喂架上没有看到山雀和五子雀。后来，他发现了三只五子雀，分析出了让人心痛的经过：一只在树上觅食，另一只气息奄奄，呈现出DDT中毒的典型情状，第三只是死鸟。在那只垂死的五子雀体内，DDT浓度为骇人的226ppm。

这些鸟的捕食习性决定了它们很容易被杀虫剂毒害，并且会大量地死亡。比如，白胸五子雀和褐啄木鸟在夏季主要吃各种树木害虫的虫卵、幼虫和成虫。山雀的食谱里四分之三都是不同生长阶段的昆虫。山雀的食性在A.C.本特的杰作《北美常见鸟类历史》中有记载："树上有一群山雀，都在仔细搜寻树皮里、树枝上和树干上的细小食物（包括蜘蛛卵、茧和其他休眠的虫子）。"

大量科学研究表明，鸟类对控制昆虫数量起到重要作用，且这种作用在各种情况下都存在。例如，啄木鸟能把恩格曼云杉甲虫的数量从98%控制到45%。受到啄木鸟控制的还有苹果蠹（dù）蛾。果园在冬天会受到尺蛾幼虫的危害，这时候山雀和其他冬季不迁徙的鸟就发挥出作用。

但是，农药大行其道的今天，自然界的这种自我调节显得不合时宜了。杀虫剂杀死的不只是害虫，还有它们的重要天敌——鸟。假如昆虫死灰复燃（这很有可能），我们需要的鸟儿却很难恢复了。威斯康星州密尔沃基博物馆鸟类馆的负责人欧文·J.格罗姆向《密尔沃基日报》投稿，

---

[1] 鹟：一种鸟，身体小，嘴稍扁平，基部有刚毛，脚短小，捕食飞虫。

文章中写道："昆虫的主要天敌包括别的捕食性昆虫、鸟类和某些小型哺乳动物，但 DDT 会将它们统统杀死，其中很多在保护自然环境方面发挥着重要的作用⋯⋯打着发展的旗号，就可以无视肆意杀害昆虫所带来的恶果吗？这种贪图一时轻松的处理方式，一定会带来更多的麻烦。榆树被毁坏、有益大自然的鸟被毒死殆尽，继续有害虫侵扰别的树木，我们该怎么办？"

格罗姆先生报告说，自从威斯康星州开始喷洒农药以来，这几年不断收到报告鸟类死亡的来电和来信。了解情况后发现，往往是刚喷洒过农药的地方出现鸟类死亡事件。

美国中西部的多数研究院所的鸟类专家和生态保护专家都经历了与格罗姆先生相似的事情，比如密歇根州的柯兰布鲁克斯研究所、伊利诺伊州自然历史研究所和威斯康星大学。大致看一下各地报纸上的读者来信，就不难发现一个事实：所有喷药区的人们都会感到气愤，因为他们比下令喷药的政府官员更了解农药的危害，更清楚喷药政策的欠妥。密尔沃基有位女士这样写道："想到这些可爱的鸟儿不久便会死在我家院子里，就觉得可怕。它们真是太可怜了，这让人心痛⋯⋯更让人难过和气愤的是，这种残忍的杀戮并不能达到原本要实现的目的⋯⋯试想，杀死鸟类，谁来保护树木？大自然的树木和鸟类不是互利共生的吗？真的不能实现自然环境和人类利益的双赢吗？"

还有读者来信说，虽然榆树高大雄伟，但也不像是印度的"神牛"那样，为了保护它们就得杀死别的生物。还有一位威斯康星州的女士写道："我很喜欢榆树，它像是我们这里的标志。但是这里也生长着别的许多种树木⋯⋯鸟类也需要保护。难以想象生活在听不到知更鸟啼叫的春天，一切会是多么枯燥、多么惊悚。"

公众面临的似乎是一个二者必选其一的局面：是保护鸟类，还是保护榆树？但实际情况较为复杂。施用农药的防治手段似乎是个笑话，照现在的情况发展下去，很可能是鸟类灭绝而树木也得不到保护。喷施杀虫剂保护榆树的可怕思路，带来的只是各地的财政亏空，而无法取得预想的持续成效。康涅狄格州格林尼治市喷洒农药的历史绵延十年不曾中断。有一年爆发旱灾，甲虫大量繁殖，致使榆树的死亡率增加十倍。一九五一年，荷兰榆树病首先出现在伊利诺伊大学所在的厄巴那。政府下令喷药是在一九五三年，连续喷洒了六年后，到一九五九年死亡的榆树已经达到86%，其中死于荷兰榆树病的过半。

相似的事情发生到俄亥俄州托雷多市以后，引起林业部领导约瑟夫·斯威尼的高度关注，他开始调查施用农药带来的危害。这个市从一九五三年开始施用杀虫剂，到一九五九年连续施用了六年。斯威尼先生发现，在按照"权威专家"指导喷施杀虫剂期间，当地的棉枫鳞癣灾害更加严重了。他决心实地调查荷兰榆树病的防治情况。结果让他吃惊："（当地）灾害得到控制的地区是因为病树或含虫卵树木被迅速移除，而喷药区的榆树病害已经难以控制。有些乡村没有对荷兰榆树病采取任何手段，但病害的蔓延情况要比城市轻微。这一切都说明杀虫剂杀死了害虫的天敌。""我们正在终止施用农药治理荷兰榆树病的行动。虽然这样做使我与支持美国农业部政策的人出现矛盾，但我掌握有回应他们的事实依据。"

近期才被荷兰榆树病困扰的中西部地区，为何不寻求别处的成功经验，就轻率地花费金钱实施农药治理，这实在让人费解。例如，纽约州就有很丰富的长期防治荷兰榆树病的经验。听说带病榆木最早侵入美国的地方便是纽约州，所以现在的纽约州在治理荷兰榆树病上积累了不少成功经验。当然，这些经验的得来，不是靠喷洒农药。事实上，纽约州的农业推广部门没有倡议过施用农药。

那纽约州的成功是如何得到的呢？从开始治理荷兰榆树病到现在，这里的预防措施都很到位，也就是要快速移除生病或携带致病生物的树木。刚开始没有见到很显著的效果，因为人们只是把患病的树清理掉，而可能寄附有虫卵的榆树没有被清理。得病榆树被人们砍倒劈成柴火，储存起来以供使用，但若是第二年春天还没有烧完，柴火里隐藏的虫卵就会孵化出树皮甲虫。

四五月之交，结束冬眠的树皮甲虫成虫会跑出来传播荷兰榆树病。纽约州的昆虫学者总结经验，掌握了辨别树木是否存在甲虫及造成病害传播的技术手段。在尽可能集中地清除有威胁的树木后，病害被有效控制，并且花费合理。到一九五○年，纽约市五万五千棵榆树的发病率降低到只有0.2%。一九四二年，纽约州维斯切斯特县开始实施病树清理行动。后来的十四年里，每年只损失 0.2% 的榆树。同样的行动在布法罗市也取得了良好的效果，一万八千五百棵榆树中，每年只损失 0.3%。换而言之，照这样的减少速度，三百年后布法罗市才会没有榆树。

锡拉丘兹的经验最让人印象深刻。这里在一九五七年以前没有实施任何具体的防治措施。一九五一年到一九五六年，锡拉丘兹损失的榆树大约有三千棵。后来，纽约州州立大学农学系的霍华德·米勒大力呼吁民众清理得病榆树和有致病风险的榆树。现在，每年损失的榆树已经不足 1%。

纽约州的专家反复重申荷兰榆树病防治手段的经济性。纽约农学院的 J.G. 玛特西说："通常来说，所需费用相对所起到的效果而言，是比较小的。""为了防止病树对人和财产造成损害，需要把病树上枯死的树枝砍掉。假如柴火中带有致病真菌，则需要在春天到来之前烧掉，或者剥掉树皮，转移到干燥的地方储存。城市里多数死掉的树木都需要清除掉，所以提前砍掉染上荷兰榆树病的树木，并不会带来太多额外的成本。"

只要采取科学合理的防治手段，就能有效地控制住荷兰榆树病。虽然现在尚未找到彻底解决这一麻烦的办法，但只要防治手段充分实施，就可以把损失降到可承受范围内，不需要使用没有效果而且严重危害鸟类的化学手段。此外，树苗的选育技术也能提供帮助。通过研究，技术人员认为可以选育出具备荷兰榆树病抗性的杂交品种。欧洲榆树对荷兰榆树病有很强的免疫力，已经在华盛顿地区大量种植。就算是在榆树病高发的时节，这些欧洲品种依然正常生长。

在榆树病高发的地区，榆树锐减，因此急切需要培育新苗、补栽新树。虽然欧洲榆树被安排在补栽计划中，但增加树种的多样性也非常重要，因为这对防止以后病害在整个区域蔓延有着关键的作用。英国生态学者查尔斯·艾尔顿曾指出，"保护生物多样性"对于动植物群落保持稳定有非常关键的作用。过去上百年人类活动导致的生物单一化愈演愈烈，这与眼前的诸多麻烦在很大程度上是有关的。二三十年前的人们想不到集中种植单一树木会有如此可怕的后果。于是，在不少市镇的街道两侧和公园里都种上榆树。现在，先是榆树死了，接着鸟也死了。

还有一种美国鸟与知更鸟有着相似的命运，大概也快要绝种了。这便是作为美国象征的白头海雕[1]。在过去的十年中，白头海雕急速减少。事实表明，白头海雕的繁育能力已经随着环境改变而受到严重影响。尽管这其中的内在原理尚未弄清楚，但证明杀虫剂是祸根的证据非常充分。

在北美洲，生活在从美国佛罗里达州西海岸坦帕到迈尔斯堡这一带的白头海雕，是研究人员关注最多的。一九三九年到一九四九年间，温尼伯市退休银行家查尔斯·布罗利给千余只白头海雕幼雏戴上了脚环标志，因而在同行中声名远播。（在他之前，鸟类标志的使用历史上只有一百六十六只鹰。）布罗利先生在冬天幼雏离巢前给它们戴上环志。后来的研究发现，出生在佛罗里达的白头海雕会沿着海岸线向北飞往加拿大，最远飞到爱德华王子岛。而过去的观点是，白头海雕不进行迁徙。这些白头海雕在秋季回到南方，于是在宾夕法尼亚州东部的霍克山观察白头海雕迁徙就成为一种流行。

在给白头海雕戴上环志的最初几年，布罗利先生进行调查研究的那处海岸有一百二十五个雕巢在育雏。每一年要给大约一百五十只幼雏戴上环志。从一九四七年开始，幼雏出现减少的情况。有的巢空着没有鸟蛋，有的巢里的鸟蛋孵不出雏。一九五二年到一九五七年，大概五分之四的巢里没有幼雏破壳。到一九五七年，还存活有白头海雕的巢只剩下四十三个。七个巢里总共孵出了八只幼雏，二十三个巢里是孵不出来的鸟蛋，剩下十三个巢只有成年白头海雕在那里进食，没有产下鸟蛋。一九五八年，布罗利先生开车顺着海岸寻找白头海雕进行标记，但跑了一百多英里才找到一

---

[1] 白头海雕：因为体态威武雄健，又是北美洲的特产物种，而深受美国人民的喜爱。在独立之初的一七八二年六月二十日，美国总统克拉克和美国国会通过决议立法，选定白头海雕为美国国鸟。

只。又过了一年，有白头海雕居住的鸟巢的数量已经从四十三个减少到十个。

一九五九年，布罗利先生的过世给这项意义重大的长期调研工作画上了句号。根据佛罗里达州、新泽西州和宾夕法尼亚州奥杜邦协会得出的研究结论，放任现在的状况继续下去，美国将不得不另选国家象征。霍克山禁止狩猎负责人莫里斯·布隆的报告尤其让人印象深刻。霍克山在宾夕法尼亚州东南地区，风景迷人。阿巴拉契亚山脉东部山脊是这里的最后一处屏障，屏蔽住向沿海平原刮去的西风。西风撞上山坡后改为斜向上流动，因此这里的秋天常有一股连续的上升气流，这就为阔翅鹰和白头海雕的飞行提供了巨大的助力，使它们在南迁时能够长距离地飞行。霍克山既是山脊的汇合点，也是鸟类迁徙路径的汇合点。从北方飞来的鸟肯定要经过这里。

身为霍克山禁止狩猎负责人的莫里斯·布隆，在二十多年的职业生涯中，观察并记录下的白头海雕的数量比任何一个美国人都要多。每年八月底到九月初是白头海雕迁徙的高峰期。一般的观点是，这些在北方度过夏天的白头海雕来自佛罗里达（此外，每年秋末冬初会有一些体型更大的北方种群途经这里飞往他处）。刚开始实行狩猎禁令的几年（一九三五年到一九三九年）中所观察到的白头海雕，五分之二都在一岁左右（身上的深色羽毛便是依据）。但近几年类似的未成熟白头海雕变得非常少见，在一九五五年到一九五九年间，只有总量的五分之一；而一九五七年，在三十二只成鸟中才有一只幼鸟。

霍克山的观察结果同别处的情况相同。还有一份结论相似的报告，是由伊利诺伊州自然资源管理委员会的干部埃尔顿·福克斯提出的。这个报告是关于北方族群的白头海雕在密西西比河流域及伊利诺伊河流域过冬的情况。他在报告中写道，近期（一九五八年）观察记录的五十九只白头海雕里只有一只是未成年的。全球仅有的一个白头海雕禁猎区是在萨斯魁哈那河上的蒙特·约翰逊岛上，那里的白头海雕种群也处于非常危险的状态。虽然那里离康诺文格大坝上游只有八英里，离兰开斯特郡河畔不到半英里，但岛上还保有原始的风貌。从一九三四年开始，兰开斯特郡鸟类学者、禁猎区负责人赫伯特·贝克先生就一直留意着岛上的一个鸟巢。从一九三五年到一九四七年，这个巢里幼雏的孵化、成长都非常健康。但是在一九四七年以后，虽然还有成年的白头海雕来这里产卵，但却没有幼雏破壳。

蒙特·约翰逊岛出现了与佛罗里达州相同的情况：巢里有成年白头海雕，照常产卵，但孵出的幼雏极少。要寻找出现这些问题的原因，似乎只能归咎于环境因素的改变影响了白头海雕的生殖能力。现在已经极少有新生的白头海雕了，它们的种群有绝种的可能。

在许多人工模拟环境的假想实验中，别的鸟类也会出现相同的情况。最有代表性的是全美鱼类及野生动植物管理部门的詹姆斯·德维特博士所做的实验。他针对各类杀虫剂对鹌鹑和野鸡的影响做了一系列经典实验。得出的结论是，接触 DDT 及其衍生杀虫剂的成年鸟，或许不会出现肉眼可见的损伤，但其生殖功能已经严重受损。具体的危害有很多种表现形式，但结果是一致的。例如，给繁殖期的鹌鹑饲喂 DDT，它们的产蛋活动不受影响。但是，这样的蛋极少能孵出幼雏。德维特博士："不少胚胎在发育初期是正常的，但进入孵化期就会死掉。"就算是成功孵化，超过一半的雏鸟也会在五天之内死去。在同时用野鸡和鹌鹑作为对象进行的实验中，连续多年被投喂含杀虫剂食物的野鸡和鹌鹑，怎么也产不出蛋来。加州大学罗伯特·拉德博士和理查德·基纳利博士都报告了相同的发现。野鸡通过食物摄入狄氏剂以后，"下蛋明显减少，幼鸟死亡率奇高"。按照这些研究人员所说，蛋黄中积聚的狄氏剂残留在孵卵期和雏鸟破壳后慢慢被吸收，逐渐给幼雏带来长期而致死的损害。

上述结论的一个有力证据是华莱士教授和其研究生理查德·伯纳德近期公布的研究成果。他们取样研究了密歇根大学校园里的知更鸟，在其体内发现的 DDT 残留浓度非常高。发现毒物残留的地方是：雄鸟的睾丸、发育过程中的卵泡、雌鸟的卵巢、已经发育完毕但还没有产出的鸟卵、输卵管、被丢弃在巢中没孵化的卵、鸟蛋中的胚胎，还有破壳不久死去的幼雏体内。

以上这些重要的研究说明，鸟类只要接触过杀虫剂，它们的下一代就会受到危害。造成危害的直接因素是鸟蛋和为胚胎提供营养的蛋黄中积存的有毒物质。这就是德维特实验中大量幼雏在胚胎期或破壳几天后死亡的原因。

在白头海雕身上开展类似的实验室研究对科学家而言无疑是个难题，但佛罗里达、新泽西和别的一些地方都开展了有关的野外研究，目的是找到白头海雕大范围出现不育的原因。大量间接证据都把矛头指向了杀虫剂。渔区的白头海雕无疑要以鱼类作为主食（阿拉斯加白头海雕65%的食物是鱼，而切萨皮克湾地区的则是52%）。很显然，布罗利先生多年研究的那些白头海雕也都是以鱼类为主食。从一九四五年开始，这片海域沿岸地区开始喷施DDT乳剂[1]。喷施药剂的目的是杀灭盐沼蚊。蚊子大量存在的沼泽和海滩刚好也是白头海雕觅食的地方。杀虫剂毒死了很多鱼类和蟹类。对其分析发现，死鱼死蟹的体内含有浓度达46ppm的DDT。和加州清水湖的䴙䴘一样（食用湖中的鱼致使体内积聚大量杀虫剂残留），这些白头海雕的体内也积聚有大量的DDT。于是，䴙䴘、野鸡、鹌鹑、知更鸟，当然还有白头海雕，它们的生殖能力都在不断下降，最终将会绝种。

现在，时常听到从世界各地传来的鸟类濒临绝种的消息。各处的情况或有差异，但主要内容只有一个：使用农药造成野生动植物死亡。比如，在法国，葡萄田里喷洒了含砷杀虫剂，接着就有几百只小鸟和灰山鹑死去；比利时向来以鸟类众多而闻名，但在农业开始大量施用杀虫剂后，过去非常有名气的狩猎灰山鹑活动几近停止。

在英国出现的问题似乎有很高的专业性，和日益增多的用杀虫剂处理种子的做法有关。用药物处理种子早有先例，但最早大多使用杀菌剂，看

---

[1] DDT 乳剂：DDT 为白色晶体，难溶于水，作为杀虫剂使用时常被溶于煤油中制成乳剂。

上去对鸟类是无害的。到了一九五六年左右，人们开始施用新的处理方法，希望看到两重效果：不仅要杀菌，还要用狄氏剂、艾氏剂和七氯来消灭土壤昆虫。由此，事情开始变糟。

一九六〇年春，大量鸟类死亡报告被送到英国的野生动植物保护机构（包括英国鸟类保护基金会、皇家鸟类保护学会和猎鸟协会）。诺福克有位农场主的报告是这样写的："这里仿佛是刚打过仗一样，管家看到数不清的死鸟，包括很多小型鸟：仓头燕、金翅雀、红雀、篱雀，还有家雀……这些鸟实在是太可怜了。"一位猎场管理员写道："这里所有的松鸡都在吃了拌过杀虫剂的玉米种子后毒发身亡。被毒死的还有部分野鸡和其他各种鸟类。总共有几百只鸟受害……我在这里工作了大半生，第一次看到这样悲惨的场面！看着松鸡成对地死掉，内心感到难过不已。"

英国鸟类保护基金会与皇家鸟类保护学会共同发布报告，讲述了六十七例鸟类死亡事件——这一数字只是一九六〇年春季鸟类死亡总数的一小部分。在这六十七例中，有五十九例是因为吃了带毒的玉米，剩下八例则是被喷施的杀虫剂毒死。

次年，新的鸟类中毒死亡事件开始上演。下议院收到报告，在诺福克有一家农场发现六百只死鸟，在北埃塞克思有一家农场发现一百只死野鸡。很快，人们发现出问题的郡比前一年更多了（一九六〇年有二十三个，一九六一年是三十四个）。林肯郡是农业大郡，因此问题最严重，据统计已有上万只鸟死亡。但是，从北方的安格斯到南方的康沃尔，从西部的安格尔到东部的诺福克，整个英国的农业区都处在灾害当中。

一九六一年春，对鸟类死亡事件的关注达到高潮，下议院筹建专门的委员会来调查这一情况。调查人员在农场工人、农场主、农业部官员以及与野生动植物保护有关的官方机构、民间组织中展开了深入的调查取证。

一位知情者说："鸽子突然间从天上掉落下来死去了。"另一位知情者说："开车到伦敦郊区跑上一两百英里都见不到一只红隼。"自然保护协会的官员则这样说道："从二十世纪开始至今，甚至是在我所了解的任何时期，都不曾发生过这样的事情。这是英国野生动物所遭遇的前所未有的灾难。"

缺乏对这些死鸟进行化学分析的仪器，同样缺乏的还有胜任这种工作的科学技术人员。目前全英国只有两位这样的化学家，一位在政府部门任职，另一位属于皇家鸟类保护协会。知情者们讲起用大火焚烧鸟尸的情景时滔滔不绝。但是，人们还是保留了一些鸟尸进行科学分析。在这些鸟尸中，唯一没有检测到杀虫剂残留的，是一只沙锥鸟的尸体，这是因为它们不吃植物种子。

受害的除了鸟类以外，还包括狐狸，因为它们可能捕食到中毒的老鼠或鸟类。兔子在英国泛滥成灾，于是它的天敌狐狸就显得很重要。可是，在一九五九年十一月到一九六○年四月这段时间里，异常死亡的狐狸不少于一千三百只。在那些雀鹰、红隼及别的被捕食的鸟差不多绝迹的区域，狐狸死亡的最多。这说明，毒物在食物链上自采食种子的动物传递到食肉动物。垂死的狐狸表现出的正是氯代烃中毒的症状，晕头转向地原地兜圈子，最后惊厥而死。

搜集到这些证据以后，调查委员会认识到，野生动物的处境"危在旦夕"，因此建议下议院："农业部长和苏格兰事务大臣应该立刻发布命令，禁止用包含狄氏剂、艾氏剂、七氯或毒性类似物质的农药处理种子。"委员会还建议加强市场监管，确保市场上售卖的农药在出厂之前经过足够的安全验证。而这正是目前杀虫剂研发领域的重大空白，人们应该重视这个问题。农药厂商往往只是在实验室里简单地用老鼠、狗和豚鼠等常见动物进行试验，并不会把野生动物作为受体的情形考虑在内，更别提鸟类和鱼类了。并且他们所做的实验一般不考虑自然环境的因素，都是在人工控制的条件下进行的。这样得出的实验结果放到真实自然环境中的野生动物身上，肯定是不妥帖的。

鸟类受到有毒种子危害的绝不是只有英国一个国家。在美国加州和南方种植水稻的地区存在着同样严重的问题。长期以来，加州农民在水稻播种前都要用DDT处理种子，使秧苗不受鲨虫、龟虫的破坏。过去，大量水鸟和野鸡在稻田里活动，吸引了大批狩猎者。可是，最近十年，不断有鸟类成批死亡的报告从水稻种植区传来，其中最多的是关于野鸡、野鸭和黑鹂的死亡报告。"野鸡病"已是人尽皆知的情况，一位观察者这样描述："（那些）鸟不停找水喝，躯体僵硬，倒在沟坎上或稻田里，不住战栗。"这种"病"在春天稻田播种时进入高发期。处理种子所用的DDT浓度超过成年野鸡致死剂量的好多倍。

毒性更强的杀虫剂在几年后被研发出来，显著加剧了用杀虫剂处理种子所带来的危害。艾氏剂被大量用来处理种子，它对野鸡的毒性是DDT的一百倍。得克萨斯州东部是水稻种植区，这里使用艾氏剂处理种子，引起树鸭数量的急剧减少。树鸭是一种黄褐色的外形近似雁的鸭子，主要分布于墨西哥湾沿岸。确实，有理由相信，种水稻的人用杀虫剂处理种子也是想同时杀死黑鹂，但也毁灭性地危害了别的鸟类。

当消灭一切带来麻烦或者人们看不顺眼的生物成为一种习惯，鸟类将不再是农药的附带受害者，将成为农药的直接作用对象。为了"治理"对农业有害的鸟类，避免其大量繁殖，飞机喷施对硫磷类剧毒农药的行动越来越流行。全美鱼类及野生动植物管理部门高度重视这一情况，反复重申"空中喷洒对硫磷可能会危害人、家畜和野生动物"。比如，一九五九年夏天，在印第安纳南部有一群农民租赁飞机向河滩喷洒对硫磷。数千只从附近玉米地里寻食的黑鹂吃饱后来到河滩休息，不幸遭到农药的毒害。其实，农民可以选择种植苞叶长的品种，这样黑鹂无法吃到玉米，问题就轻松地解决了，完全不必用农药来杀死这些黑鹂。

飞机喷药的结果是六万五千只红翅黑鹂和椋（liáng）鸟出现在死亡统计表里。还有若干死亡的野生动物没被发现或者没被记录。对硫磷的杀伤力很广泛，不止对黑鹂有效。生活在河滩上的野兔、浣熊和负鼠，它们或许从不曾进入过农田（农民可能也不知道有这些生物的存在），但却无缘无故地被送上了断头台。

这些农药会给人类带来什么影响？加州的一个果园里施用了相同的对硫磷农药，一个月后工人们触碰到树叶便陷入昏迷，经过尽力抢救才脱离生命危险。印第安纳州的家长们还敢让男孩儿们去树林、田野与河畔玩耍游戏吗？假如还有，那谁会看守这些毒区，以阻止那些对大自然感到好奇而来此探险的孩子呢？谁会提醒无辜的过路人不要靠近这片夺命的田野？这里的植物都被一层毒膜覆盖。虽然威胁是如此之大，但没有人阻止农民发动的这场针对黑鹂的不义之战。

在所有的事件里，有一个问题是人们一直都没有认真对待的：谁做的决定，引起一连串中毒事件，造成死亡数量和种类不断增加，就像在平静的湖面上投进一个卵石，激起一圈圈涟漪？谁在天平一侧的盘子里放上甲虫食用的树叶，在另一侧放上可怜的杂色羽毛（是被农药害死的鸟儿留下的）？谁在没有听取广大民众意见的情况下坚持作出决定，认为完美的世界不应该有昆虫，即使死气沉沉、再无鸟类飞翔？谁有权这样做？！做决定的人短时间掌握大权，但如此无视民意。要知道在千百万劳动人民眼里，大自然的美丽与秩序是重要而不可替代的。

第九章　死亡之河

大西洋湛蓝海水的深处，有无数通往海岸的隐蔽路线。它们是鱼类洄游的路径，尽管这些路径既看不见又摸不着，却和陆地上的河流相连通。成千上万年以来，鲑鱼都会顺着走过的淡水路线，溯流而上游回它们童年时代栖居的内陆河流。一九五三年夏、秋两季，在加拿大东北部的新不伦瑞克省的米拉米奇河，鲑鱼从大西洋上的觅食地长途跋涉回到这里。米拉米奇河的上游水网交错、支流众多，树木茂密、绿荫蔽日。每逢秋季，鲑鱼在河床的砂石上产卵。清澈的河水温柔地流过河床，四周是连片的云杉、香脂冷杉、铁杉和松树组成的针叶林，这一切都使这里成为鲑鱼产卵的好地方。

从很多年前开始，鲑鱼这种年复一年的溯流而上就没有停止过。这让米拉米奇河成为北美鲑鱼最好的产地之一。可是到了一九五三年，米拉米奇河鲑鱼的活动被破坏了。

这年秋冬时节，雌鲑鱼提前在河床砂石上扒出浅槽，然后产下带有硬壳的巨大鲑鱼卵。顺利的话，鱼卵安稳地度过寒冬，等春暖雪融之时，经过充分发育的鱼苗孵化而出。最初，这些不足一英寸长的小家伙躲在河床的砂石里。它们靠巨大的卵黄囊供给营养，等其中的营养没有了，才会开始捕食溪流里的小昆虫。

一九五四年春，色彩缤纷的小鲑鱼在米拉米奇河里游动，有刚孵出来的鱼苗，也有一两岁的鲑鱼。它们搜索着水中各种各样的奇怪昆虫，找到后贪婪地吞食掉。

当夏天逐渐来临，所有一切都发生了改变。在前一年，加拿大政府为了治理云杉蚜虫批准了喷药项目，米拉米奇河西北的林区也在项目范围之内。云杉蚜虫是一种袭扰常青乔木的本地害虫。在加拿大的东部地区，每三十五年会有一次大规模的虫灾爆发。二十世纪五十年代初，云杉蚜虫再次爆发，人们用DDT灭杀它们，起初只在很小的范围喷洒，一九五三年开始迅速扩大用药剂量和投施范围。香脂冷杉是纸浆和造纸材料的重要来源，为保护它们，喷药的森林面积从几千英亩增加到几百万英亩。

一九五四年六月，米拉米奇河西北的林区上空开始有飞机实施喷药作业，一团团奶白色的烟雾飘散开来。一英亩林地上有半磅溶于煤油的DDT洒落，在整个香脂冷杉林中扩散，有一部分落到地上和溪水中。飞行员只想尽快完成工作，没有不能在河流上空喷药的意识，因此在飞到河流上空时依旧保持喷药器处在工作状态。实际上，就算是飞行员有意识地关闭掉喷药器，极轻微的气流都会使药剂飘散很远，所以河水被药剂污染的结果是必然的。

喷药作业刚结束，恐怖的事情便清楚地出现在人们眼前。两天时间，河岸上出现大量已死和将死的鱼，其中有很多幼鲑鱼，还有鳟鱼。道路两侧和树林中一直有鸟死去。河流也是一幅死气沉沉的景象。在没有使用农药的时候，水里生活着很多生物，所以鲑鱼、鳟鱼有丰富的食物来源。石蛾幼虫是水生生物的一种，它们生活在树叶、草茎和砂石缠结成的散乱掩体中。湍急的河水流过岩石，上面有紧紧附着的石蝇幼虫。在浅滩和水刚没过的岩石上，有蠕虫一样的黑蝇幼虫在缓缓移动。但是，DDT消灭了这些水生昆虫，也就断绝了幼鲑鱼的食物来源。

在遍布死亡与灭绝的氛围里，幼鲑鱼不能独善其身，也遭遇灭顶之灾。这年春天新孵出的鲑鱼到八月份已经死绝。已满一岁或更大的鲑鱼情况要好些。在飞机喷药之后，一岁鲑鱼有六分之一幸存，两岁鲑鱼死掉了三分之一，它们已经快要游向大海了。

加拿大渔业研究学会从一九五○年开始持续研究米拉米奇河西北流域的鲑鱼状况，这才让上述的情况为公众所知晓。该组织每年实施一次对河中所有鱼类的数量调查。专家要调查的内容包括：返回上游产卵的成年鲑鱼数量、各年龄阶段的幼鲑鱼数量、河中鲑鱼和其他鱼类正常情况下的数量。在掌握好这些数量信息后，才能推算出喷药带来的损失。这种方法得出的结果，要比别处的调查结果更精确、更可靠。

幼鲑鱼的死亡情况只是调查结果的一部分，河流自身的巨大变化也是研究者们所关注的。重复性的喷药活动已经对河流的生态环境造成了颠覆性的改变，河水里已经没有了水生昆虫，而它们是鳟鱼和鲑鱼的重要食物来源。就算只喷洒一次农药，也会使水生昆虫的数量锐减，让鲑鱼种群陷入食物短缺的境况。而昆虫种群恢复到满足鲑鱼所需的数量，则要经过很长时间，不是几个月而是几年。

像蠓（miè）蠓（měng）和蚊蚋这样的小昆虫，能较快地恢复数量。它们是刚出生没几个月的鲑鱼的食物。而石蛾、石蝇和蜉蝣幼虫的体型更大，数量恢复的速度慢一些，它们是两三岁大的鲑鱼的食物。施用DDT之后的第二年，除了少量较小的石蝇，幼鲑鱼找不到别的食物。水中见不到大一点的石蝇、蜉蝣和石蛾。加拿大人为了让鲑鱼有食物可吃，曾试着向米拉米奇河投放石蛾幼虫和别的虫子。可是，如果不停止施用农药，这些都是无用之功，昆虫还是无法存活繁衍。

云杉蚜虫的数量并没有像人们所期待的那样减少，而且虫灾大有愈演愈烈之势。于是，新不伦瑞克省和魁北克省在一九五五年至一九五七年，向许多区域实施了重复喷药，一些区域甚至进行了三次喷药。一九五七年，喷药区域的面积大约是一千五百万英亩。喷药行动也曾中断过，但云杉蚜虫死灰复燃，使得人们于一九六○年和一九六一年恢复喷药。实际上，种种迹象都表明，喷药防治云杉蚜虫不是权宜之计，而是长期战略（连续喷洒几年农药，才能确保香脂冷杉不会因为叶子被虫啃光而死亡）。于是，喷药还会继续，恐怖的影响就会一直存在。为了尽可能地保护鱼类，加拿大林业管理部门的官员接受建议，降低了DDT的使用浓度，从每英亩半磅降到了每英亩四分之一磅。（美国实施的标准还是每英亩高达一磅。）现在，通过对喷药效果的关注和研究，加拿大鲑鱼的生存状况有所改善。可是，喷药活动一天不停止，捕鲑鱼的人就高兴不起来。

使米拉米奇河西北流域从灾难中幸免的，还有一连串特殊的事情，这些事情都是不同寻常、出人意料的。知晓这些事情以及它们为什么发生，是十分重要的。

我们已经知道，在一九五四年曾有大量化学药剂被投施在米拉米奇河西北部流域。随后，整个上游只有一小片狭长地区于一九五六年多喷了一次药，其余的地方都没有再喷过药。一九五四年秋，一场热带风暴神奇地改变了米拉米奇河中鲑鱼的命运。飓风"艾德娜"一直朝北部移动，给美国新英格兰地区和加拿大沿海地区带来大规模降雨。暴雨倾盆，地面上形成洪流，使得淡水流进大海，从而使大量鲑鱼逆流游回上游河流，在河床上产下非常多的鱼卵。一九五五年春，米拉米奇河西北部流域成了刚孵出的小鱼苗的乐园。虽然前一年水中的昆虫都被DDT杀死了，但蜉蝣和蚊蚋这些小昆虫的数量已经恢复正常，足够鲑鱼鱼苗所需。再加上前一年的鲑鱼都被农药杀死，减少了竞争对手，这年的小鱼苗有非常充裕的食物来源。所以，一九五五年孵化出的鲑鱼苗生长快速，也很少死亡，很快便度过了内河的生长阶段，提前游向大海。到了一九五九年，很多鲑鱼游回米拉米奇河西北部流域，在家乡的河床上产卵。

之所以米拉米奇河西北部流域鲑鱼洄游产卵的情况依旧较正常，主要是因为那里只进行了一次农药喷施。这条河别的水域都出现了鲑鱼大量减少的情况。这就清楚地说明了重复喷药会带来什么样的后果。

在被喷洒过农药的河道里，幼鲑严重减少的情况覆盖所有年龄段的鲑鱼。生物学专家报告说，最幼小的鲑鱼苗"实际上已经绝迹"。一九五六年和一九五七年两年，在米拉米奇河西南部流域实施了喷药行动，于是到一九五九年这里的鲑鱼数量达到十年新低。渔民们认为主要原因是回到这里产卵的鲑鱼太少了。研究人员在米拉米奇河入海口进行了抽样调查，结果显示，一九五九年返回上游的鲑鱼只有前一年的四分之一。一九五九年，首次从米拉米奇河进入大海的两岁鲑鱼，总共只有六十万条。这个数字不足之前三年中任意一年的三分之一。

在这样的情况下，寻找到取代 DDT 的防治森林虫害的新型药物，将成为决定新不伦瑞克省鲑鱼业前景的关键。

在加拿大东部发生的事情并无不寻常之处，算得上特殊的地方只有喷药林区面积广大、搜集的事实依据充足。美国缅因州同样有云杉和香脂冷杉的林区，自然也存在防治虫害的需要。那里也是鲑鱼的产卵地，但是鲑鱼的数量已经严重减少了。而这留存下来的为数不多的鲑鱼，处在满是工业污染和枯木淤积的河道中，没有生物学家和环保人士的不断努力，恐怕也是不能存活的。这里的云杉蚜虫灾害同样严重，为了灭杀它们也进行了喷药，但农业污染没有大面积扩散，也没有影响到鲑鱼产卵的重要水域。可是，缅因州内陆渔猎管理局发现的一个情况，或许是河中鱼类面临灾祸的一个征兆。

管理局的报告写道："一九五八年喷药作业刚一结束，就在大考达德河里发现许多垂死的吸口鱼。它们表现出典型的 DDT 中毒症状：躁动不安地游来游去，跳出水面换气，抽搐发抖。喷药结束五天后，在两处河段下网捕捞，总共捞上来六百六十八条死鱼。发现大量鲦鱼和吸口鱼死亡的还有小考达德河、卡里河、埃尔德河以及布莱克河。经常可以看到从上游漂下来的奄奄一息的小鱼，纹丝不动地浮在水面上。喷药结束一周多时间以后，人们有时还能在水面上看到失明的垂死鲑鱼，静静地随水流往下游漂去。"［DDT 对鱼类视力的破坏作用已经被很多研究所证实。一九五七年，有位加拿大生物学者在观察了温哥华岛北部的喷药结果后，写报告说，空手就能捕捞到鳟鱼幼苗，因为它们游得很慢，无力挣扎，而原本它们是非常凶猛的。仔细观察发现，鱼眼上出现了一层不透明的白色薄膜，影响到视力，严重的可致失明。加拿大渔业管理部门调查发现，低浓度的 DDT（3ppm）并不会直接杀死所有银鲑，但会使活着的鱼晶状体混浊，失去视力。]

只要是在林区，河中的鱼类都要受到现代治虫技术的危害。在美国，最广受关注的此类事件是一九五五年发生在黄石国家公园及附近的农药致鱼类死亡事件。那一年秋天，大量死鱼出现在黄石河里，使渔民和蒙大拿州渔业管理局的工作人员大为震惊。将近九十英里的河道问题严重。六百多条死鱼出现在一段三百码长的河岸边上，里边有褐鳟、白鲑和吸口鱼。但是作为这些鱼类的食物的水生昆虫却见不到了。

林业管理部门宣称，他们严格执行的每英亩一磅 DDT 的标准是"安全"的。一九五六年，蒙大拿州渔猎管理局和全美渔猎管理局、全美林业局联合开展研究。这一年蒙大拿州喷药面积为九十万英亩，第二年喷药面积为八十万英亩。所以生物学专家不用担心找不到研究对象。

不同地方鱼类的死状有相同之处：DDT 的气味充斥林间，水面上糊着一层油膜，河岸上躺着死鳟鱼。提取了死鱼和快死的鱼作为样本进行化验，结果是所有样本中都检测到了 DDT 残留。和加拿大东部的情况相似，喷药造成的一个严重后果是作为鱼类食料的生物锐减。有的地区观察到的情况是，水生昆虫和别的生活在河底的生物的种群数量减少到只有正常数量的十分之一。这些昆虫对鳟鱼来说是生存所必需的，但它们恢复种群数量的速度却非常慢。喷过药后，到次年夏末，也只有少量水生昆虫能够恢复数量。在一条曾有很多底栖动物的河中，现在昆虫几乎绝迹。在这条河中捕鱼的收成只有原先的两成。

并非所有的鱼都会快速死去。实际情况是，毒药慢性作用害死的鱼比喷药后迅速死去的数量多很多。蒙大拿州的生物学专家认为，有很多鱼在捕鱼季过去以后才死去，这些鱼不会被包含在统计数字里。他们观察到许多秋季产卵的鱼死亡，有褐鳟、河鳟和白鲑。这种情况并不奇怪，鱼和人都会在体内贮存脂肪作为能量储备，当出现需要时分解脂肪供能。这时候，脂肪组织里积聚的 DDT 就开始危害机体。

所以我们能很清楚地看到，每英亩一磅 DDT 的用药量带来的是林间河水中鱼类的生存危机。更重要的是，因为农药对云杉蚜虫的防治效果不理想，很多地区多次实施了喷药。蒙大拿州渔猎管理局对多次喷药行动持坚决的反对态度，宣称"坚决反对为了不必要和不一定有效的农药喷洒行动而破坏本州的渔业资源"。不过，管理局也声明，会继续保持与联邦林业管理部门的合作，以"找到损失最小的解决办法"。

问题是，这样的合作能成功地解救鱼类吗？针对这个问题，英属哥伦比亚的经验最值得参考。那里的黑头蚜虫为祸多年。林业管理部门的负责人害怕树叶继续掉落一季后，会有大量树木死亡，因此计划在一九五七年实施治理措施。他们同渔业部门进行了多次沟通协商。渔业部门关心的是会不会影响鲑鱼回上游产卵。最后，林业部门承诺，会尽最大努力控制喷药行动，使农药对鱼类的伤害降到最低。

虽然采取了防范措施，虽然实际上也做出了很大的努力，但得到的结果是：最少四条干流中的鲑鱼接近绝迹！

其中一条河里的四万条成熟银鲑鱼几近死绝。还死了几千条未成年的硬头鳟和其他鳟鱼。银鲑鱼要过三年才会回到上游产卵，同时回到上游的都是年龄相近的银鲑鱼。所有的鲑鱼都有很强的回到故乡的能力，银鲑鱼也是如此，它们一定要回到自己出生的河流，不会在河流之间乱游。这样一来，每三年一次的银鲑鱼回归将消失不见，要想恢复这一具有很大经济价值的种群活动，必须采取人工繁殖或者别的手段。

既保护林木又不伤害鱼类的两全之策并不是没有。假如我们认为河流必须被牺牲，那只能说是我们太过于悲观。我们要充分运用已有的、可替代的方法，同时要充分发掘智慧和资源去创造新方法。有研究表明，天然寄生生物能够很好地控制住食心蚜虫的繁殖扩张，效果比喷洒农药好得多。我们应该充分利用自然界的生物关系进行防控，即使不得不施用农药也要选择毒性最小的。最好的办法是引入能使食心蚜虫患病而不影响森林生态系统的微生物。对这些办法我们可以耐心地观察其效果。当下我们必须认识到的一点是，喷施农药绝非治理林业虫害的唯一方法，更不是最好的方法。

危害鱼类生存的杀虫剂可以分成三类。正如上文我们所知道的，一种是针对林业的某种特定问题的农药，已经危害到北部林区河中的鱼类。DDT是这类的重点。第二类杀虫剂的特点是扩散快、蔓延范围广，会对美国各地河流、湖泊中的鲈鱼、太阳鱼、黑莓鲈、吸口鱼和别的很多鱼类造成危害。第三类包括现今农业中应用的多种类型农药，其中易于辨识的只有异狄氏剂、毒杀芬、狄氏剂和七氯等一少部分。另外，因为研究工作尚未深入，我们要尽可能地考虑到事情的发展方向，生活在盐沼、海湾和入海口的鱼类又将迎来什么样的命运。

大规模施用新型有机合成杀虫剂，一定会严重危害到鱼类的生存。氯代烃是现代有机杀虫剂的主要成分，而鱼类对它特别敏感。几百万吨毒药被抛洒到地面以后，会以多种形式进入地球上的水循环，在陆地和海洋间流动。

面对众多的鱼类惨死的报告，美国公共卫生管理局不得不成立一个专门的办公室，承担采集各州报告的职能，为水污染状况提供一项评估参数。

这是一个与大众利益关联的问题。在美国，大约有两千五百万人的主要休闲活动是钓鱼，还有一千五百万人偶尔也会钓鱼。这一群体每年带来的消费总值高达三十个亿，包括办理钓鱼许可证，购买钓具、小舟、户外装备、油料和住宿等诸多方面。一旦垂钓活动无法进行，这些关联产业势必受到影响，造成重大的经济损失。捕鱼业不仅面临经济损失，更严重的是，捕获量的减少也就意味着渔民的食物减少。内陆渔业加上不包括远洋捕捞的滨海渔业，每年一共能捕获大约三十亿磅水产。可是如我们所见，杀虫剂污染了溪流、池塘、江河以及海洋，由此威胁到垂钓活动和专业的渔业捕捞。

农作物喷施农药而造成鱼类受害的事件层出不穷。在加州地区，为了防治水稻潜叶蝇而喷洒了狄氏剂，结果有大约六万条可供垂钓的鱼死亡，其中主要是蓝鳃太阳鱼和其他种类的太阳鱼。在路易斯安那州，异狄氏剂被喷洒到甘蔗田里，于是在一九六〇年一年时间里就有三十多起重大鱼类死亡事件。在宾夕法尼亚州，为了灭杀果园中的老鼠而喷洒异狄氏剂，结果却害死了大量鱼类。在美国西部高原，为防治蝗虫而施用氯丹，造成河中的鱼类大量死亡。

一场空前绝后的农药喷施行动在美国南部开展。为了防治火蚁，人们在几百万英亩的土地上肆意喷施杀虫剂。在这一行动中，主要喷施了七氯，它对鱼类的毒性略小于DDT。狄氏剂也被用来防治火蚁。这种杀虫剂对水生生物的巨大毒性是我们已经熟知的。不过对鱼类危害最大的要数此次行动中喷施的异狄氏剂和毒杀芬。

只要是在防治火蚁的地区，不管是喷洒了七氯还是狄氏剂，都会让水生生物遭遇灭顶之灾。从研究农药危害的生物学专家的报告中选取只言片语即可见端倪：在得克萨斯州，"虽然喷药活动已经有意避开运河，但还是造成很多水生生物死亡"，"鱼类不断死去，这种状况持续了三周"。在亚拉巴马州，"喷过药后不久，（维尔考克斯县）大多数成熟的鱼都死掉了"，"季候河以及支流里难觅鱼的踪迹"。

在路易斯安那州，池塘水产的收成减少，让农场主叫苦不迭。在一段不到四分之一英里的运河上，五百多条死鱼或漂在水面或躺在岸边。还有一个教区死了一百五十只太阳鱼，占整个种群数量的五分之一。另外五种鱼类则全部死掉。

在佛罗里达州喷洒过农药的地区，池塘里人工养殖的鱼体内被发现存在七氯残留和七氯分解产物环氧七氯。这其中就包括深受垂钓人喜欢的太阳鱼和鲈鱼，并且它们也经常被端上餐桌。而这些鱼体内含有全美食品安全管理部门认定的剧毒化合物，很小的剂量就会带来危害。

有关鱼类、青蛙和别的水生生物死亡情况的报告不断涌现，于是全美鱼类和爬虫类研究协会（研究鱼类、爬行动物和两栖动物的权威机构）在一九五八年达成了一项决议。该决议旨在呼吁农业部和各级农业管理部门停止"使用飞机喷施七氯、异狄氏剂及毒性接近的杀虫剂的行动，防止发生不可逆的损害"。该协会提醒人们关注美国东南部生活的多种鱼类和别的生物，包括一些美国独有的在世界范围内都很珍稀的物种。"其中不少动物的生活范围很小，所以非常容易灭绝。"该协会发出了这样的警告。

在南方各州，为了消灭棉花害虫而喷施的农药，也带来了严重的鱼类死亡情况。一九五〇年夏，在亚拉巴马州北部的棉花种植区爆发了虫灾。在这之前，少量使用有机农药便可以控制住象鼻虫蔓延。但是接连几个温暖的冬天使得象鼻虫在一九五〇年迎来了灾难性的大爆发。于是，在当地农药销售不断的鼓动下，大概有 80%—95% 的农民开始喷洒杀虫剂。农民们使用最多的是毒杀芬，这种农药对鱼类的危害是毁灭性的。

一九五〇年夏天，连降多次暴雨。刚喷施的农药被雨水冲刷进河里，于是农民不得不重复施用更多的农药。结果这一年棉田的平均用药量达到每英亩六十三磅毒杀芬。有的农民竟然在一英亩棉田中投施两百磅药剂，最耸人听闻的是有个农民的毒杀芬用药量达到每英亩五百五十多磅。

后果可想而知。弗林特河的情况是该地区的典型。弗林特河有五十英里处在亚拉巴马州的棉花种植区，之后流入惠勒水库。八月一日，一场暴雨降临弗林特河流域。雨水在地面汇集流入小溪，小溪最后又汇入干流，于是弗林特河的水位升高了六英寸。次日上午，人们看到河中有雨水冲刷下来的一些东西。鱼一直在水中转圈子，有时会有一条蹿上河岸。这样的鱼很轻松就能捉到。有个农民抓了几条，养在泉水积聚成的水池里。水池里的水很干净，这几条鱼渐渐恢复正常。但是在河里，不断有死鱼漂流下来。这仅是个开头。一下暴雨，就会有更多的农药残留被冲进河里，然后杀死更多的鱼。八月十日下了一场大雨，然后河里的鱼几乎全部死亡。到了八月十五日又下了一场雨，把农药冲刷进河水中，但这时已经没有鱼了。人们用金鱼做实验，把它们装进笼子然后放到河里，不到一天就死了。这说明河水中确实有致鱼死亡的毒药。

在这些被杀死的鱼中，最多的是白刺盖太阳鱼，它们是钓鱼人最喜欢的鱼。在弗林特河流入的惠勒水库中，人们发现了很多死去的鲈鱼和太阳鱼。这片水域中被毒杀殆尽的还有鲤鱼、牛胭脂鱼、鼓鱼、美洲真鰶（jì）和鲶鱼等品种。所有鱼都没有表现出染病的征兆，只是在临死时举止异样、鳃上长出怪异的深酒红色。

农场里的鱼塘水温高、不与外界河流接触，但如果在这附近喷施农药，也会对鱼造成致命影响。很多事例可以证明，是雨水和地表径流把土壤中的毒药带到了水塘里。除此之外，实施喷洒作业的飞行员在飞到池塘上空时没有关闭喷药装置，也会使农药飘洒到池塘中。甚至都不需要考虑这些复杂的情况，农业生产中农药的正常用量已经足够致鱼类死亡了。一般来说一英亩鱼塘中农药超过十分之一磅就非常危险了，这就意味着，即使将农药的施用量控制得很小，一样会带来严重的危害。而且池塘里的农药残留是非常顽固的。有一处鱼塘，为了灭杀其中的银色小鱼，投施了DDT，然后进行了多次换水，但毒药残留依然存在，致使其中养殖的太阳鱼出现了 94% 的死亡率。很明显，DDT 残留在池底的淤泥之中。

现代杀虫剂已经问世了一段时间，但如今人们还没有找到避免危害的方法。一九六一年，俄克拉荷马州野生动物保护部门宣称，他们一周至少要收到一份鱼塘或小湖出现鱼类死亡的报告，并且这样的报告一直在增加。经过这么多年，俄克拉荷马州鱼类死亡的前因后果已经非常清楚：向农田喷施农药，然后被暴雨冲刷进鱼塘。

在鱼塘养殖的收获是一些地方的重要食物来源。在这些地方施用杀虫剂，假如不提前考虑潜在的风险就盲目施用，很快就会尝到苦果。比如，在罗德西亚（津巴布韦的旧称），水塘中浓度为 0.04ppm 的 DDT 就杀死了一种重要的食用鱼的鱼苗——卡菲鱼。其他杀虫剂在剂量更小的情况下同样会带来致命的危害。养殖这种鱼的浅水鱼塘也是蚊子滋生的地方。要在消灭蚊子的同时，保护好中非地区重要的食物来源，而现在显然是没有兼顾好这两者。

在菲律宾、中国、越南、泰国、印度尼西亚和印度，类似的问题困扰着虱目鱼养殖。这种鱼被养殖在上述国家靠近海岸的浅水鱼塘中。鱼苗会成群结队地突然出现在近海（谁也不知道它们来自哪里），然后被渔民捞起来放进水塘中养大。东南亚和印度有几百万吃大米的人们，他们靠这种鱼补充动物蛋白。所以，太平洋科学会议呼吁国际社会采取措施，找寻虱目鱼产卵地，并开展大规模的人工养殖。但是农药施用活动让虱目鱼养殖业陷入困境。在菲律宾，为了灭杀蚊子而用飞机喷洒农药，致使养殖户损失惨重。某处鱼塘养殖了十二万条虱目鱼，在喷药的飞机飞过这里后，鱼塘主人竭力往水塘中灌水稀释，但还是有超过一半的虱目鱼死亡。

一九六一年，在得克萨斯州奥斯汀市科罗拉多河，出现了近年来最让人心惊肉跳的鱼类死亡景象。一月十五日，这天是周日，天色刚亮，死鱼出现在新城湖和下游五英里的科罗拉多河的水面。在这前一天没有人发现异常情况。到了周一，有报告说在下游五十英里处出现死鱼。很明显，毒药残留扩散到了下游。一月二十一日，有死鱼出现在下游一百英里的拉格兰奇市的河道中。一周后，奥斯汀市往南二百英里的河水中的鱼都中毒而死。到了一月最后一周，为了阻止毒物往马塔戈达湾扩散，人们把航道封闭，把河水引向墨西哥湾。

与此同时，奥斯汀市的调查员闻到了像是七氯和毒杀芬的气味。这种气味在一处雨水排泄管道口最为浓烈。这条管道过去曾经排放工业废物而制造出问题。得克萨斯州渔猎协会从湖边出发，沿着连通的管道一直往上游巡查，终于查到一家化工厂，该工厂所有的排污管道口都飘散着疑似六氯化苯的气味。这家工厂的产品包括DDT、六氯化苯、七氯、毒杀芬和少数其他种类的杀虫剂。工厂负责人不否认近期有药品被暴雨冲进排污管道，他还坦诚地说，过去十年他们都是这样处理杀虫剂溢流和残余的。这就让人感到惊惧了。

进一步的调查让渔业官员发现，别的工厂也存在杀虫剂残留经由排水管道（雨水或生活、生产污水）排出的现象。不过，整个事件发生原因的最后一个因素是这样的：在湖中、河中爆发鱼类死亡事件的前几天，人们刚刚对整个雨水排泄系统进行了清洗，利用几百万加仑清水的高压清理了管道中的淤泥。在这一行动中，砂石、淤泥中积聚的杀虫剂残留被冲刷出来，流向湖泊、河流。接着毒物就在湖泊、河流中产生危害。

大量毒药残留随科罗拉多河流向下游，所经之处死伤无数。湖泊下游一百四十英里的水域中，鱼类几乎死绝。人们用围网在水里捕捞，想看看有没有鱼幸存，但是并没有搜寻到活鱼。区区一英里的河道，捞上来二十七种死鱼，总重量在一千磅左右。这些死鱼中有这段水域的主要捕捞鱼种斑点叉尾鱼，此外还有蓝鲶鱼、扁头鲶鱼、楞头鱼、四种太阳鱼、小银鱼、鲮（líng）鱼、曲口鱼、大嘴黑鲈鱼、鲤鱼、鲱鲤鱼、吸口鱼，以及鳝鱼、雀鳝、红鲤鱼、马口鱼、淡水鲱鱼和牛胭脂鱼。其中一些鱼肯定是这条河中的"长老"，它们的形体就足以说明它们在这里生活多年。不少扁头鲶鱼超过二十五磅，据说这里的住户还曾见过六十磅重的。官方的记录是一条八十四磅重的蓝鲶鱼。

渔猎协会推测，即使不再发生农药污染，也要等很多年时间，河水中鱼类的种群数量才能恢复。一些本地独有的鱼种或许就此灭绝，而其他的鱼种倒是可以寄希望于州政府开展大规模的人工养殖以恢复数量。

发生在奥斯汀市的这场鱼类惨案已经找到了起因，但是我们不会认为事情已经结束。有毒的河水往下游流动两百多英里之后，依然会毒死鱼类，假如任由其流进马塔戈达湾的牡蛎产区和捕虾区，造成的损失将是无法估计的，所以人们选择将有毒河水引向墨西哥湾。但是那里又会怎样呢？还有好些别的河流也可能带着有毒物质流入了墨西哥湾，会把那里搞成什么样子呢？

对于这些问题中的大多数，我们目前只能推测其答案。不过，杀虫剂对河口、盐沼、海湾及其他海边水域造成的污染问题已经越来越引起人们的关注。这些水域不仅仅是间接地被有毒河水污染，还会直接接触为消灭蚊虫而喷洒的毒药。

佛罗里达州东海岸印第安河沿岸比任何地方都更能直观看出杀虫剂给盐沼、河口与平静海湾带来的危害。一九五五年春，这里的圣露西县对大约两千英亩的盐沼地喷洒了狄氏剂，以灭杀沙蝇幼虫。喷药剂量是每英亩一磅有效成分。这里的水生生物因喷洒农药而遭遇了一场灾难。佛罗里达州卫生部昆虫研究所的专家调查了喷药后的情况，得出的结果是，鱼类

"已经绝迹"。岸上遍地死鱼。从天空往下俯瞰，只见成群的鲨鱼在吞食水面上垂死的鱼。没有哪种鱼可以幸免。死鱼里有胭脂鱼、锯盖鱼、银鲈和食蚊鱼。

在不含印第安河岸区的整个沼泽区域，全部被直接毒死的鱼类在二十到三十吨，大约是一百一十七万五千条，种类有三十多种。（调查小组 R.W. 小哈灵顿、W.L. 毕德林梅尔报告）

狄氏剂对软体动物似乎没有毒杀效用，但甲壳动物却全部死亡。很明显，所有的蟹类都损失惨重。招潮蟹接近绝种，仅在小面积的沼泽中幸存，因为那里刚好是农药喷洒的盲区。

体型偏大的捕捞鱼类和食用鱼类以最快的速度死去……螃蟹吃了中毒的鱼，次日也会毒发死亡。接着水生螺也会吞食死鱼。两周过去后，岸上就不再能见到死鱼了。

已经故去的赫伯特·R. 米尔斯博士在佛罗里达州对岸的坦帕湾进行观察之后描述了同样凄惨的画面。这里（包含威士忌湾）有全美奥杜邦协会设立的一个海鸟保护区。在当地卫生管理部门对盐沼蚊虫喷洒农药之后，很有讽刺意味的事情发生了，鸟类保护区变成了不少动物的受难地。鱼类和蟹类又一次遭遇灾难。招潮蟹是一种小巧精致的甲壳动物，会像牧牛一样排队在泥滩上爬行。它们完全无法抵抗农药的毒害。这一年的夏、秋两季，当地实施了不间断的农药喷洒（部分区域喷药次数多达十六次），米尔斯博士在后来的报告中做出了统计："这回，招潮蟹死亡严重。十月十二日，按照这一天的季候和天气情况，本应该在这片海滩上看到十万只招潮蟹，但实地观察的结果是不到一百只，并且都是奄奄一息的状态，颤抖着、摇晃着往前爬行。但在附近没有喷洒农药的地方，还有大量招潮蟹正常活动着。"

招潮蟹在它自身所处的生态系统中扮演着非常重要、不能替换的角色。很多动物要靠它们为食。海滨生活的浣熊主要靠它们生存。长嘴秧鸡、各种近海鸟类，乃至于迁徙到这里的海鸟，都要食用招潮蟹。在新泽西州有一块喷洒了 DDT 的盐沼地，喷药后几周时间里，笑鸥的数量就减少了 85%，推测出的原因是喷药造成笑鸥食物匮乏。招潮蟹在沼泽里还能发挥其他方面的重要作用。它们是一种食腐动物，会在沼泽里到处挖洞，使得土壤疏松、透气。它们还被大量地用作渔民的饵料。

在海滩沼泽和河流入海口，饱受农药残留毒害的不只有招潮蟹，还有许多对人类有价值的生物。比如在切萨皮克湾和大西洋西岸广泛存在的蓝蟹便是一个例子。这种蟹对杀虫剂非常敏感，当沼泽地区的小溪、沟渠和池塘被喷洒了农药，蓝蟹就会出现大规模的死亡。毒药不仅仅危害本地的蟹类，残留的毒药同样会杀死从海中迁徙来的蟹类。二次中毒导致死亡的事情也会发生，比如在印第安河流域的沼泽里，食腐的蟹类因为吃了中毒的鱼类而中毒。我们现在还不太清楚杀虫剂对龙虾造成的影响。不过，龙虾和蓝蟹是同族的节肢动物，有相近的生理特征，因此有可能遭受相同的危害。同样面临危机的还有对人类具有食用价值和经济价值的石蟹及其他甲壳动物。

海湾、海峡、入海口与海边沼泽等海滨水域，组成一个意义非凡的生态整体。很多鱼类、软体动物和甲壳动物的命运都直接与其关联。当这些水域的环境变得不再适宜，人们的餐桌上将无法再出现上述的那些海味。

近海大量存在的一些鱼类也会去到海滨水域繁殖鱼苗。在佛罗里达州西海岸，三分之一的低地是河道纵横交错、红树林杂乱生长的迷宫一般的环境，有大量海鲢鱼幼苗在这里栖息。海水鳟鱼、白姑鱼、斑鳍鼓鱼、石首鱼在大西洋沿岸海岛和"堤岸"间的海湾浅沙滩上产卵，像是在纽约州南面围上了一条保护链。孵化出的鱼苗被潮汐带入海湾。在这些海湾和海峡中（包括克里塔克湾、帕姆利科湾、伯格湾及其他海湾），鱼苗有充足的食物来源，生长迅速。要是缺少这些暖和、安全、食物充裕的地方，上述鱼类就找不到更好的繁育基地，就难以维持种群的规模。但是，我们放任杀虫剂从河流流向那里，放任对附近沼泽地实施的喷药活动。这些鱼苗比成熟的鱼更容易受到农药的摧残。

海虾的繁育地也在近海。种类多样、产量巨大的海虾在大西洋南部和墨西哥湾地区的渔业生产中占有重要比重。海虾产卵是在大海中进行，但幼虾几周后就会游到河口和海湾，在那里蜕皮、成长。幼虾从五六月开始，一直在那里生活到秋季，其间靠海底碎屑为生。在这段时间，海虾的数量和它所支撑起的行业，都需要河口保持有利的自然环境。

杀虫剂的施用，会不会威胁到捕虾业和海虾供应？从美国渔业管理局近期开展的实验中或许可以找到问题的答案。实验结果显示，刚长成的、初步具备市场价值的海虾极其不耐受农药，衡量其耐受度应该选用浓度单位 ppb（十亿分比浓度），而不用常见的浓度单位 ppm。在某次实验中，浓度为 15ppb 的狄氏剂就杀死了一半的海虾。别的杀虫剂对海虾的毒性甚至更大，尤以异狄氏剂为最，半数致死剂量仅为 5ppb。

牡蛎（lì）和蛤（gé）蜊（lí）受到杀虫剂的危害更加严重。它们一样是幼体比成体更脆弱。在海湾、海峡的底部，在从新英格兰州到得克萨斯州的潮汐河流中，在太平洋沿岸的庇护区域，都分布有这些贝类。成熟的贝类不进行迁徙，它们在海水中产卵，孵出的幼贝有几周时间可以自由活动。夏天，拖在渔船后边的细密渔网捞起纤小、柔弱的牡蛎、蛤蜊幼体，一并捞起的还有很多浮游生物。这些幼贝仿佛只有尘粒大小，靠吃细小的浮游植物为生。一旦海洋浮游植物灭绝，幼贝就要饿死。而现状是，大量浮游植物被农药毒害。要知道，很多除草剂原本的使用情景是草坪、田地、公路两旁和近海沼泽，它们对幼贝食用的海洋浮游植物毒性巨大，不到 10ppb 的浓度就足以杀死某些浮游植物。

幼贝是如此的脆弱，以至极微小剂量的常规杀虫剂就能把它杀死。就算是暂时没死，也会发育迟缓，最终死亡。发育迟缓就表示这个幼贝生活在有毒浮游生物的环境中的时间更长了，自然也就增加了毒发身亡的概率。

成熟软体动物较不容易直接中毒，起码有几种杀虫剂的情况如此。不过这也并非绝对。毒素可能会在牡蛎和蛤蜊的消化器官和别的组织里聚积。而人们在食用这两种贝类时通常不会有意避开这些器官和组织，甚至还会生吃。美国渔业管理局的菲利普·巴特勒博士曾做过一个不吉利的类比，说人类或许和知更鸟面临相同的处境。他特别指出，知更鸟不是直接被喷洒的农药毒死，而是吃了体内积聚有高浓度农药残留的蚯蚓之后才毒发身亡的。

为了防治昆虫而喷洒的农药杀死了河流、湖泊中成千上万的鱼类和甲壳动物。这些直接显现出的危害固然让人震惊，但也不能忽视江河、海湾中的毒药残留所制造的间接危害，虽然目前还看不到具体的危害表现，但最终或许会迎来灾难性的爆发。摆在人们面前的问题非常多，并且其中的大多数现在都没有合理的回答。我们已经知道，农药从农田和森林中通过地表径流进入很多河流（可能是大多数干流），再进入大海。但我们不知道的是这些农药的种类和数量。而且在流入海洋被极大地稀释之后，现有的技术手段不能确定其种类和数量。我们当然知道化合物在长时间的流转中会改变性质，但我们不知道毒物的毒性是变大还是变小。还有一个缺乏研究的问题是化学药剂混合后发生的反应。进入海洋的多种人工化合物与海水中的无机物混合，一定会发生反应，这种反应极有可能对环境带来影响，因此弄清楚这些反应就显得迫在眉睫。以上的问题都需要解答。毫无疑问，解决这些问题需要深入而广泛的研究，但相关的经费却非常缺乏。

内陆和海洋的渔业都是非常重要的资源，关系到很多人的收入和福利。很明显的，渔业现在正遭受侵入水体的农药污染的威胁。假如能从开发新型杀虫剂的年度经费中借用一小部分来进行上述的研究，人们就可以找到降低危害的方法，就能找出治理河流污染的办法。何时大众才能看清真相，并倡导这样的行动呢？

第十章 从天而降的灾难

一开始，空中喷洒农药只是在农田和森林等小范围区域进行，但现在却不断地扩大面积、增大药量。有位英国生态学者近期的言论非常形象地描述了这一现象："摄人心魄的死亡雨水。"公众对有毒农药的认识已经悄悄转变。以前的农药包装上都会有骷髅状的警示标志，表明这是有毒药品，同时还会注明特定的使用场景和施用对象，不得误用。伴随着新的有机杀虫剂不断被研发出来，再加上第二次世界大战结束以后有很多飞机退出军事用途，施用杀虫剂越来越普遍，人们的顾忌也越来越少。现在的农药毒性更强，但人们的施用方法更是可怕——经常有农药从天空中飘洒下来，落在非目标区域。无形之中，农药的作用对象已经超出了需要灭杀的害虫与杂草，而波及一切与其发生接触的生物（包括人和其他生物）。农药的施用地点也不再限于林区和田地，而扩张到了城镇和都市。

在几百万英亩土地上施用农药的行动引起人们的重重疑虑。在二十世纪五十年代，东北部几个州治理舞毒蛾和南部州灭杀火蚁，都喷洒了大量农药，其后的影响让人们更加质疑这类行动。舞毒蛾和火蚁都不是美国本土原生的昆虫，虽然出现在美国许多年，但是没有生成灾害。可是，为了实现目标而不择手段的农业部害虫防控中心，突然对这两种昆虫下了死手。

剿杀舞毒蛾的行动可以得出的经验是，当大规模的、不计成本的防治措施替代了有限范围、有限规模的治理手段，就会带来巨大的损害。灭杀火蚁的行动是在夸大了灾害严重程度的情况下，采取的极端不理智措施。在不了解农药的合理用量和对其他生物的危害的情况下，人们莽撞地开展了行动。于是两次行动都没有实现最初预想的目标！

舞毒蛾原产欧洲，在美国的历史也接近百年。一八六九年，在马萨诸塞州的梅德福市，法国科学家利奥伯德·特维罗特正在试验舞毒蛾与蚕杂交，因为疏忽而放走了几只舞毒蛾。自此，舞毒蛾在整个新英格兰不断繁殖扩张。风是舞毒蛾快速传播的重要载体，它的幼虫很轻，能被风吹到很远的地方。另外一种传播途径是植物携带，因为舞毒蛾的卵会附着在植物上，靠着这种方式度过冬天。现在这种蛾子已经遍布新英格兰地区的每一个州。到了春季，舞毒蛾幼虫有几周时间要啃食橡木等硬木植物的叶子，造成一定程度的灾害。在新泽西州和密歇根州也有这种昆虫的踪迹。新泽西州的舞毒蛾是在一九一一年由进口的荷兰云杉带入美国的，而密歇根州的舞毒蛾则不清楚其来源。一九三八年，一场飓风席卷新英格兰，把舞毒蛾吹到了宾夕法尼亚和纽约。不过，在纽约阿迪朗达克山脉生长有舞毒蛾讨厌的树木，因而阻止了它们朝西部继续扩张。

为了把舞毒蛾控制在美国东北部，人们采取了各种办法，并且已经取得了成功。在舞毒蛾进入新大陆的一百多年中，一直存在它们会损害阿巴拉契亚山脉的硬木树林的顾虑，但如今这种顾虑已经被打消了。十三种从海外引入的寄生虫和捕食性动物在新英格兰扎根。联邦农业部高度评价了这一举措，认为其有效防控了舞毒蛾的危害和扩张速度。新英格兰采取了自然防控、检疫和局部喷药等措施，取得了很好的效果。一九五五年，农业部肯定新英格兰地区的成绩——"有效控制住了舞毒蛾的扩散和危害"。

但是一年之后，植物病虫害防治部门开始实施喷药行动，在几百万英亩的土地上无死角地喷洒了农药，以"剿灭"舞毒蛾。("剿灭"是指在该地区完全清除这一物种。此前的行动都没有成功，因此农业部官员反复强调"剿灭"这一要求。）

就这样，施用农药消灭舞毒蛾的行动气势汹汹地开始了。一九五六年，农业部在宾夕法尼亚、新泽西、密歇根和纽约的一百万英亩的土地上实施了农药喷洒。这些地区的不少住户抱怨喷药对他们造成了危害。环保人士对越来越频繁、规模越来越大的喷药活动感到忧虑不安。一九五七年，农业部公布了要在三百万英亩土地喷洒农药的计划，招致一片反对的声音。但是联邦农业部和州农业部门的官员毫不理会这些反对的声音，他们认为这只是个别的反对意见，无关乎大局。

纽约州的长岛地区也被包括在一九五七年的喷药计划内，主要的喷药区域是人口稠密的城镇、郊区，还有一些盐沼四周的海岸区域。长岛上的纳苏郡人口密度在整个纽约州仅次于纽约市。这个喷药计划的理由之一是"舞毒蛾会在纽约市区泛滥"，这简直是无稽之谈。作为一种主要生存于森林的昆虫，舞毒蛾不可能在城市中栖息，不会在草坪、田地、花园和沼泽里生存。一九五七年，联邦农业部和纽约州农业发展部门租赁了飞机，把提前准备好的 DDT 油性溶液从天空朝地面喷洒。药剂洒到了蔬菜地、奶牛场、鱼塘和盐沼地里，还有郊区的街道上。有位家庭妇女听到空中传来飞机的轰鸣声，于是急忙把花园盖上，但是却淋到了农药；在户外嬉闹的孩童和坐火车上下班的人群都淋到了农药。在锡托吉特，有一匹优良的赛马到刚喷过药的田间水池里饮水，饮完十小时后毒发死亡。汽车上满是斑驳的点状油渍，鲜花和灌木全部枯死。鸟、鱼、螃蟹和各种益虫也都纷纷死亡。

世界知名的鸟类学专家罗伯特·库什曼·墨菲曾组织一帮长岛居民到法院控诉，要求颁行法令禁止喷药计划的实施，但被法院驳回。居民们继续忍受着 DDT 污染，同时不断申诉，希望官方颁行长期的禁止喷药法令。但是法院判定居民们的请求"不合理"，理由是喷药计划已经在实施当中。居民们的申诉一直送到了最高法院，但是也不被受理。威廉·道格拉斯大法官非常不满最高法院的这一做法，他说："很多专家和相关的官员都警示过 DDT 的危害，这就足以证明大众的申诉是合理的。"

长岛居民的申诉行动，起码使大众将目光注视到愈演愈烈的农药喷施行动，注视到虫害防控部门对民众个人财产权益的漠视。

舞毒蛾喷药计划的实施，出人意料地污染了牛奶和农产品。一个非常典型的例子是纽约州维斯切斯特郡北部占地两百英亩的沃勒农场。农场主沃勒女士曾专门请求农业管理部门的官员不要在她的农场喷洒农药，但按照计划是无法避开农场的。她主动提出要自行治理农场中的舞毒蛾，在发现虫子的地方实施局部喷药。尽管喷药工作者再三保证不会对她的农场喷药，但还是有两次喷药行动直接把农药喷到了农场里，另外还有两次是别处喷洒的农药飘到了农场里。两天后，抽样检测了该农场所养殖的纯种格恩西奶牛所产下的牛奶，结果含有浓度为 14ppm 的 DDT。从牧场的草料中抽样检测，同样检测出了农药残留。郡食品监管部门了解这一情况，但还是任由问题牛奶流向市场。像这样的消费者权益得不到保护的事例还有很多。全美食品药品管理局严令不可出售带有农药残留的牛奶，但是实际监管力度不足，并且禁令只是针对州际贸易。各级地方政府可以无视联邦政府有关农药的禁令，而地方的法规与联邦法令一致的情况实在是太少了。

菜农也是受害者。飞溅的农药在很多叶菜上留下灼烧的痕迹，使其无法出售。还有些蔬菜 DDT 残留严重超标。康奈尔大学农业实验室检测的豌豆样本里 DDT 浓度高达 14ppm 到 20ppm，而行业标准是不得高于 7ppm。菜农面临两难，要么违规销售这些农药残留超标的蔬菜，要么自己承担很大的经济损失。有些菜农向政府申请赔偿，并且得到了一定的补偿。

随着飞机喷药活动越来越频繁，法院收到的申诉也不断增多。其中有很多是纽约州各郡的养蜂人提出的。在一九五七年那次喷药计划开始前，养蜂人就曾因为果园喷施 DDT 而损失惨重。有位养蜂人痛心地说："一九五三年以前，我把联邦农业部和州农学院的指示奉为守则，一切都照他们说的去做。"但是这年五月，纽约州进行了大面积的喷药，致使他失去了八百个蜂群。这次喷药活动带来的危害范围很广，程度很深。所以他和另外十四位养蜂人一起起诉州政府，提出二十五万美元的赔偿。在这一年，还有另外一个养蜂人损失了四百个蜂群。他在申诉报告中说道，树林里的所有工蜂（承担采集花粉、筑造蜂巢任务的蜜蜂）都中毒死亡，就算是喷药较少的田地中，也有一半的工蜂死亡。他还写道："五月里，进到院中却听不见蜜蜂嗡嗡的声音，着实是一件让人沮丧的事情。"

在整个舞毒蛾治理行动中，出现了大量形式各异的不负责任的行为。租赁飞机不按照喷洒面积来收费，而是按照喷药量来计算，所以飞行员自然会尽可能多地喷药以挣到更多的钱。很多地方喷了不止一遍。在很多案例中，承担飞机喷药作业的公司不是这个州的企业，而这类公司并没有签署遵守该州喷药规定的协议书，也就是说他们可以不承担喷药造成的后果。在这样的情况下，苹果园和蜜蜂受到损害的业主无法找到问责对象。

一九五七年的喷药行动声势浩大并且带来巨大损失，紧接着此类行动就被大规模地削减。政府方面没有很清楚的解释，只是说要"总结"前一阶段的工作经验并开发新的杀虫剂。一九五七年实施喷药的面积有三百五十万英亩，次年就减少到只有五十万英亩，而后来的一九五九年、一九六〇年和一九六一年，三年时间内也只对十万英亩土地实施了农药喷洒。在此期间，虫害防治部门一定会因为舞毒蛾在长岛的死灰复燃而忧虑不已。这项计划花费巨大，目的是永久消灭舞毒蛾，但是没有实现，而且严重影响了农业部的声誉和公信力。

火蚁之所以叫这个名字是因为被它叮咬后会产生灼烧感。它被引入美国大约是在第一次世界大战后，由南美洲经亚拉巴马州的莫比尔港入境的。一九二八年，火蚁已经出现在莫比尔市的各个郊区，并且还在继续蔓延，已经侵入了南部的大部分州郡。

火蚁进入美国已经有四十多年了，但是没有引起很多关注。在火蚁大量存在的几个州，地面上一尺多高的蚁巢让人们很讨厌。这些蚁巢会妨碍农业机械的运作。把火蚁列入二十种危害较大害虫列表的只有两个州，而且也只是在列表的末尾。应该说不管是官方还是个人，都不认为这种昆虫会对农作物和牲畜造成危害。

官方对火蚁的态度在剧毒杀虫剂问世以后发生了快速转变。一九五七年，联邦农业部发动了前所未有的宣传攻势：政府公示、电影和流传民间的故事都开始攻击火蚁，说它破坏了南部的农业生产，会攻击鸟类、牲畜和人类。于是联邦政府和火蚁泛滥各州的州政府联合行动，要剿灭南部九个州总共两千万英亩土地上的火蚁。

一九五八年，治理火蚁的行动热火朝天地开始实施了。有一家商业杂志以乐观的笔调报道："随着联邦农业部全面剿杀害虫的项目不断增多，农药生产商迎来了属于他们的春天。"

除了大发横财的农药生产和销售者，所有人都对这次虫害治理行动表示愤怒，这样的情况还是第一次。这项治理行动规划欠妥、实施不力，是典型的失败案例。行动的结果是，大量资金被花费，大量生物被毒死，还大大损害了农业部的公信力。很难相信还会有人或机构愿意继续往里边投入资金。

当初为了取得国会的许可，这一行动的策划者编造了一套现在看来毫不可信的说辞，竟然赢得了国会的信任。他们说，火蚁会叮咬在地面筑巢的雏鸟，会危害农作物和野生动物，会严重危害南部的农业生产。

他们说的是真的吗？在听证会上农业部官员为了取得拨款而做的发言，跟农业部主办的刊物上登载的观点背道而驰。一九五七年，在农业部发行的《消灭家畜、作物害虫——杀虫剂推荐》中并没有提到消灭火蚁——这真是一个惊人的"疏忽"，假如农业部以自己发行的出版物为理论指导的话。还有，在一九五二年出版的长达五十二万字的《昆虫百科年鉴》里，也只有寥寥数语提及了火蚁。

农业部所宣称的火蚁会危害农作物和家畜的言论完全没有任何依据。亚拉巴马州农业实验室就这个问题进行了深入研究，得出的结论是完全相反的。这里的专家指出："火蚁几乎不会危害植物。"美国昆虫学会一九六一年轮值主席、亚拉巴马理工学院昆虫学专家艾伦特博士说："在过去的五年中，我们没有收到任何关于火蚁破坏植物的报告……现在还没有可靠证据表明火蚁会对牲畜产生危害。"在野外和实验室对火蚁进行了长期观察的研究人员说，火蚁主要食用各类昆虫（其中多是人类眼中的害虫）。观察表明，食棉铃象甲幼虫也是火蚁的食物之一。另外火蚁在土里挖洞筑巢的活动也疏松了土壤，有利于排水。这些结论都经过密西西比州州立大学的调查论证。他们的研究比农业部的要更加可信。后者要么只是对农民进行口头调查（农民有可能会认错蚂蚁的种类），要么就是照搬陈旧过期的文献资料。很多昆虫学专家相信，火蚁随着种群数量的增加，会改变食物种类，所以几十年前记录的调查结果缺乏指导价值。

火蚁伤害人类的观点则纯属臆造。为了取得民众的信任，农业部出资拍摄了一部宣传片，片中呈现出被火蚁叮咬后的可怕情状。的确，被火蚁叮咬后出现的烧灼感很痛苦，但是可以避开这种危害，就像人们害怕黄蜂、蜜蜂会采取防护措施一样。极个别的体质敏感人士会有严重反应，目前只有一起疑似火蚁毒素致死的医学案例（证据不够充分）。而另一方面，根据人口统计部门的报告，在一九五九年一年中就有三十三起被蜜蜂或黄蜂叮蜇而死亡的事例。但是，并没有听到要"剿灭"蜜蜂和黄蜂的声音。应该说，地方上的证据更可信。火蚁在亚拉巴马州已经有四十年的存在史，数量最为庞大，但是该州卫生管理部门的说法是，"没有因火蚁叮蜇致死的记录"，被火蚁叮蜇的医疗记录也"很少见"。草坪和运动场上的火蚁巢丘或许会使儿童被叮蜇，但要避免这种问题完全不需要在几百万英亩的土地上喷洒毒药，只要把这些火蚁巢丘清除掉就可以了。

同样的，火蚁危害猎鸟的说法也禁不起推敲。有一个最有发言权的人是亚拉巴马州奥本市野生动物研究所的所长莫里斯·贝克博士，他在这方面有丰富的研究经验。贝克博士持与农业部完全相反的观点。他立场鲜明地指出："亚拉巴马州南部和佛罗里达州西北部都是良好的猎区，这些地方既生活着北美鹑，也存在大量的火蚁……火蚁进入亚拉巴马州的近四十年中，猎鸟的数量一直在稳定地增长。假如火蚁会严重危害野生动物的生存，那这样的情况又作何解释？"

另一个问题是，剿杀火蚁所施用的杀虫剂，会对别的野生动物产生什么样的影响。针对火蚁喷施的是较新型的狄氏剂和七氯。人们缺乏在野外实际施用这两种杀虫剂的经验，不知道大量喷施会对野生鸟类、鱼类和哺乳动物产生什么样的影响。但有一点非常清楚，那就是它们的毒性都比DDT高上若干倍。当时，DDT的使用历史已经接近十年了，人们清楚知道每英亩一磅DDT的用量就会杀死大量鸟类和鱼类。而人们施用狄氏剂和七氯的量更高：通常平均一英亩达到两磅。如果要一并灭杀白边甲虫，则还要增加一磅狄氏剂。这两种农药对鸟类的危害按照它们和DDT的毒性倍数关系推算，则每英亩七氯的用量相当于每英亩二十磅DDT，每英亩狄氏剂的用量则相当于每英亩一百二十磅DDT！

该州大多数自然保护机构、全美自然保护机构、生态学专家及很多昆虫学专家，都提出了紧急抗议，他们纷纷致信时任农业部部长的艾兹拉·本森，建议延迟喷药行动，起码要等到七氯和狄氏剂对野生动物和家畜的危害的研究完成，并且确定最小的用药量之后，再开始实施。可是这些抗议的声音没有人听进去。一九五八年，灭杀火蚁的行动开始实施。这一年的喷药面积达到一百万英亩。这时候，所有的研究工作都不再具有意义。

喷药行动开始以后，亚拉巴马州和全美野生动物保护机构还有高校的生物学者通过研究逐步接近了事情的真相。他们注意到，喷药使得某些区域的野生动物死伤殆尽，家禽、家畜和宠物同样死绝。但是农业部认为这些研究结论"过于夸大"和"存在误导"，抹杀了所有农药有害的言论。

但是，危害不是你视而不见就不存在的，实际上农药惹祸的事例不断发生。例如，喷过农药后，得克萨斯州哈丁郡的负鼠、犰狳和许多浣熊都消失了。到次年秋季，依然很少见到这些动物。在这片区域存量有限的浣熊体内，都检测出了农药残留。

通过运用化学方法分析鸟类尸体发现，死鸟都曾间接摄入或者直接吞食过为消灭火蚁而喷施的农药。（唯一幸存数量较多的鸟类是家雀，从各地报告的情况来看，它们可能具备抵抗这些农药的免疫力。）一九五九年，在亚拉巴马州的一大片喷过农药的土地上，一半鸟类死亡。所有在地面或灌木丛栖息的鸟都死掉了。次年春天，听不见任何鸟的鸣叫，往常鸟类筑巢的地方现在空空荡荡，一片死寂。在得克萨斯州，很多燕八哥、美洲斯皮札雀和草地鹨死在了自己的巢里，大批鸟巢空着。在得克萨斯州、路易斯安那州、亚拉巴马州、佐治亚州和佛罗里达州，鱼类和野生动物保护部门抽样检验的死鸟中，90% 以上的样品中存在高达 38ppm 的狄氏剂或七氯残留。

丘鹬在路易斯安那州北部过冬，天气暖和后回到北方繁育，它们的体内也存在毒药残留。丘鹬常用细长的喙啄食土里的蚯蚓。而在喷药完成后六到十个月里，路易斯安那州的蚯蚓体内检测到浓度高达 20ppm 的七氯，过了一年这个数字降为 10ppm。间接中毒使得丘鹬的幼鸟和成鸟大量死亡，这种情况在喷药开始的那一季节就出现了。

南方猎人最心痛的事情莫过于美洲鹑的惨案了。只要是喷洒过农药的地方，在地面觅食、筑巢的美洲鹑都死绝了。一个典型的事例是在亚拉巴马州，当地政府和野生动物研究机构的生物学专家在喷药之前统计了三千六百英亩待喷药地区的美洲鹑数量，结果是共有十三个鸟群，一百二十一只美洲鹑。等喷药结束两周后，这里的美洲鹑死光了。把死鸟送到鱼类和野生动物保护部门做检测，结果是所有样本体内的农药残留的剂量都足以致死。得克萨斯州的情况与之接近，两千五百英亩喷洒过七氯的土地上，美洲鹑尽遭屠戮。不只是美洲鹑，九成的鸣禽都遭遇不测。当然，它们的体内也检测出了七氯残留。

因火蚁治理行动而大量减少的还有野火鸡。在亚拉巴马州维尔考克斯郡的一个地方，喷施七氯之前有八十只野火鸡，但在喷药后的夏天，只剩下一窝火鸡蛋和一只死去的小火鸡，除此之外就再也见不到火鸡的踪影了。家养火鸡和野火鸡有着相同的遭遇，喷药地区的农场里，火鸡的繁殖率非常低。能顺利孵化的火鸡蛋本来就很少，孵出的幼雏又面临着极高的死亡率。但是周边没有喷药的地区则不存在这样的问题。

并不是只有火鸡遭遇了这样的不幸。当地享有极高声誉的野生动物保护专家克拉伦斯·科塔姆博士调查走访了很多在田里施用过杀虫剂的农民。他们说"树上的鸟"像是都死去了，家畜、家禽和宠物也有不同程度的死亡情况。科塔姆博士的报告中写道："有一位农民对喷药人员表达了强烈的不满，说自己的奶牛被农药毒死了，他亲手用埋葬或者别的方式处理了十九头奶牛的尸体，除此之外还有三四头奶牛被农药毒死。刚出生的小牛犊吃了带毒的母乳也死掉了。"

这些科塔姆博士所采访的人士对喷药后几个月中的情况表示疑惑。有位女士反映了她的养鸡情况，说喷药后"孵出的小鸡莫名地少，也很难养活"。有位养猪的农民在"喷药后九个月内没有养活一头小猪。产下的猪崽不是死的，就是非常虚弱难以养活的"。另有一位农民也遭遇相同的问题，他说他的三十七窝猪崽共计两百五十头，但是养活的只有三十一头。他还说鸡也养不活了。

农业部始终不承认牲畜死亡和灭杀火蚁的行动有关系。但是，佐治亚州班布里奇市的兽医奥迪斯·波伊特文博士曾接诊了不少动物中毒的病例。他得出的结论是，杀虫剂是导致动物死亡的罪魁祸首，原因是：灭杀火蚁的行动开始后两周到数月的这段时间内，牛、羊、马、鸡、鸟和别的野生动物都染上一种可致死的神经系统疾病。凡是食用了含毒食物或者饮用了被农药污染的水的动物都会染上这种疾病，但圈养的动物就不会出现这种情况。只在灭杀火蚁的区域出现了这种疾病。由波伊特文博士和其他兽医所观察到的疾病症状，符合权威医学文献中关于七氯和狄氏剂中毒的症状描述。

还有另一个由波伊特文博士所描述的典型案例：有一头两个月大的牛犊出现了疑似七氯中毒的症状。经过一番深入彻底的检测发现，牛犊体内脂肪中含有浓度高达 79ppm 的七氯！而这是在喷药完成五个月之后的情况。牛犊中毒究竟是因为直接食用有毒牧草，还是被动地从母乳中摄入毒素，又或者是在胚胎发育阶段已经中毒？波伊特文博士表达了自己的质疑："假如是牛奶中存在有毒物质，那喝本地牛奶的儿童岂不是存在中毒的可能？为何不采取预防措施？"

波伊特文博士的研究报告引出了关于乳制品污染的重要问题。而我们知道，实施灭杀火蚁行动的区域主要是牧场和农田。这里的奶牛养殖情况如何？接触过农药的牧草不可避免地含有某种形式的七氯残留，而这样的草被奶牛吃进体内后，产下的牛奶自然也会残留有农药毒素。早在一九五五年灭杀火蚁的行动开始之前，七氯会进入牛奶这一情况已经得到了研究证明。后来才应用在行动中的狄氏剂经过研究发现也具有这样的特性。

现在，农业部主办的年刊已经把狄氏剂和七氯列入饲料污染源黑名单，被此类物质污染的草料不能再用于喂养产奶、产肉的动物。但是另一方面，虫害防治部门却向南方的牧场大量喷洒农药。如何保证市场上的牛奶是安全的、不含狄氏剂或七氯残留的呢？尽管农业部官方声明，建议奶牛在农药喷洒后三十天到九十天内不宜进入喷药区域。但是不少农场的面积狭小，而喷药的范围却非常大（并且多数喷药活动是通过飞机空中喷洒的），这样一来农业部的官方建议就显得非常缺乏指导意义。而根据已知的农药残留的分解速度，农业部所建议的隔离时间远不够安全。

食品监督管理部门面对牛奶含有农业残留的情况只能干着急，因为他们没有管理权限。目前，灭杀火蚁行动所覆盖的州都没有成规模的乳制品产业，不向别的州销售产品。所以，联邦政府下令各州自行应对牛奶污染问题。一九五九年，在亚拉巴马州、路易斯安那州和得克萨斯州的卫生部门及相关部门的官员收到的调查报告中，并没有关于牛奶检测的情况，也就是说人们并不清楚牛奶是否受到杀虫剂的污染。

实际上，人们是在防治行动开始以后，才意识到应该先研究清楚七氯的特性。更准确的情况是，行动开始以后，才有人想到去查阅过去的研究资料。遗憾的是，这些当年的研究成果并没有对多年后的灭杀火蚁行动产生任何影响。当年研究人员就注意到，七氯在动植物的组织和土壤中会以很快的速度生成新的毒性更强的环氧七氯（通常认为那是风化作用产生的氧化物）。其实早在一九五二年人们就已经了解了七氯向环氧七氯转化的过程。当时，食品监督管理部门进行了实验，让母鼠摄入浓度超过 30ppm 的七氯，仅仅两周之后，其体内就积存了毒性更强烈的浓度高达 165ppm 的环氧七氯。

一九五九年，食品监督管理部门发布禁令，禁止一切食品中含有七氯及环氧七氯的残留。到这时关于农药残留的艰深的生物学研究资料才引起公众的注意。这项禁令至少起到了给火蚁灭杀行动降温的作用。虽然农业部还在继续强制收取防治火蚁的年费，但是地方上的农业指导人员已经越来越不倾向于指导农民施用农药，因为这些农药可能会造成农作物不符合市场准入标准。

简单来讲，农业部在开始行动之前，并没有详尽地去了解将要施用的农药的化学特性。即使有过一些调查了解，也并没有重视研究结论。他们一定不清楚杀虫剂所能起到灭杀效果的最小用量。所以在头三年的大药量喷施过后，在一九五九年农业部突然决定七氯的用量由一英亩两磅减少到一英亩一又四分之一磅；后来继续减少，一英亩半磅，分成两次喷施，一次四分之一磅，中间间隔三到六个月。对这一举措，有位农业部的官员解释道，"对激进方案的修正行动"说明，喷施较小的剂量便可以实现灭杀效果。假如在行动开始实施前认识到这一情况，则不单可以规避各种损失，还会为官方节约一大笔来自纳税人的金钱。

一九五二年，农业部为了安抚民众对灭杀行动的抵触情绪，主动在得克萨斯州开展免费农药发放活动，只要农民签署不向政府追问索赔农药损害的协议，就可以获得免费农药。这一年，杀虫剂带来的巨大危害使得亚拉巴马州陷入恐慌和愤怒，他们拒绝支付喷施农药造成的费用。一位该州的官员指出，这项行动"愚蠢、轻率、无序，是典型的枉顾其他公共机构和个人的利益的行为"。尽管州政府不再拨款，但行动还是可以得到来自联邦政府的财政支持。一九六一年，州议会再次同意拨付一小笔款项。此时，路易斯安那州的农民注意到，灭杀火蚁的药剂会引起甘蔗害虫快速增殖，越来越多的人开始抗拒火蚁灭杀行动。这一行动几乎可以认为是无效的。一九六二年春，路易斯安那州州立大学农业实验所的昆虫学研究主任纽塞姆博士简要评价了火蚁灭杀行动："现在看来，联邦政府和各级州政府部门联合开展的火蚁'剿杀'行动可以宣告失败。路易斯安那州的火蚁影响区域比治理之前更大了。"

人们开始倾向于一些理性、稳妥的做法。有报告说佛罗里达州的火蚁比喷药前更多，所以已经宣布放弃实施大规模剿杀活动，只进行小范围的控制。

其实人们很早以前就掌握有花费较少、效果立竿见影的小范围治理方法。这种方法的花费约为一英亩一美元。在密集分布有火蚁巢丘的地区，可以实施机械化治理。密西西比州农业技术部门开发出一种新型犁，可以先把巢丘犁平，然后把农药直接投放进去。采用这种办法可以杀死90%—95%的火蚁，花费仅为一英亩二十三美分。相比之下，农业部组织开展的灭杀行动中，一英亩的花费是三块半美元——花费更多，危害更大，效果却更差。

第十一章　超越波吉亚家族所想

人类世界的污染来源不是只有滥施农药一种。其实对大众来说，大范围施用农药的危害远小于各处都有的小范围、小剂量但却日复一日、年复一年的农药施用。所谓涓滴之水可以穿石，人类自出生到死亡接触到的危险化学品积攒起来就有可能造成严重的后果。长期暴露在化学药品中（哪怕剂量非常小）会使人类不断在体内积攒有害物质，直到积累到一定量之后毒素发作。只要是不能完全与世隔绝，就不可避免地要接触到农药残留。普通民众极易受到软文推广和各种"托儿"的误导，经常忽视身边到处都有的有毒物质。实际上，人们可能完全想不到自己正在和有毒物质打交道。

有毒物质已经越来越深入地进入到今天这个时代，以至随便一个人任意走入一家商店，便可以很容易地买到致命的毒药，并且不会有人对他进行盘问。但是在旁边的药店里，购买毒性相对弱一些的药剂都被要求在"有毒药剂购买记录"上做登记。假如了解货架上的药剂的化学特性，那么即使是胆子最大的顾客，在某个商店里逛上几分钟也会被吓唬住。

倘若售卖杀虫剂的地方能够挂上很大的骷髅头剧毒标志，那么顾客才会采取正常的对待致死毒药的谨慎态度。但是现实中的杀虫剂售卖区被装饰得相当亲切舒适：过道对着的货架上放着泡菜和橄榄，旁边的货架上则是日用洗化品，然后杀虫剂就被摆在这些货架中间。儿童轻易就能伸手拿到这些存放在玻璃瓶罐中的药品。一旦儿童或者成年人不小心把瓶罐碰落到地上摔碎，四周的人都会沾染上这种曾让喷药工人中毒后出现抽搐症状的毒药。这种风险在消费者把药剂买回家之后自然而然地进入到他们的家里。例如，含 DDD 的防蛀药剂会在罐身上用小号字体注明风险，警示罐内含有压力，不可接近高温明火以免发生爆炸。氯丹广泛应用于家庭厨房里的除虫。但食品监督管理部门的资深药理学专家宣称，在居住的房间里喷施七氯是"非常危险"的。另外一些杀虫剂的有效成分甚至包括毒性更大的狄氏剂。

市面上现有的家用厨房杀虫剂大多包装精美、易于喷施。白色或搭配家具的彩色橱柜贴纸有可能是两面都涂抹有杀虫剂的。商家还提供了详尽的杀虫说明书以供我们便捷操作，只需轻按按钮，就可以把狄氏剂喷洒在不易接触到的橱柜角落、缝隙、墙角和护壁板上。

我们会在衣服和皮肤上使用各类洗液、乳霜或者喷雾，为的是不受蚊虫、跳蚤和其他害虫的侵扰。尽管我们被告知这些产品中的一些会在清漆、油漆和人工有机物中溶解，但我们还是轻率地认为它们不会渗透过人类的皮肤。为了满足人们随时随地的驱虫需要，纽约的一家专门商店推出一种便携式的微型喷雾器，可以装在钱包、沙滩包、高尔夫球包或者渔具包里，方便随身携带。

我们把药蜡抹在地板上，用以灭杀一切在地板上活动的昆虫；我们把用六氯环己烷浸透的条式杀虫剂放在衣柜和衣物防尘罩里，或者在抽屉里放上防蛀药，这样半年之内都不用担心衣物被虫蛀。杀虫剂广告里绝不会说六氯环己烷的危害，而电子六氯环己烷雾化器的广告就更不可能说这些了。广告里只是说产品高效、安全、无害。但全美医学协会指出，使用六氯环己烷雾化器有很大的危害，所以在《全美医学协会会刊》上发起了一场全面拒绝使用六氯环己烷雾化器的活动。

联邦农业部在《家居园艺通讯》上提议，可以在衣物上喷洒 DDT、狄氏剂、氯丹或别的杀虫剂油溶液。农业部还说，过量喷洒所造成的衣物上的白色污渍不难清洗。但是他们却并没有提醒要选择恰当的清洗场所和方法。上述所有情况造成的最终结果是，白天我们要接触大量杀虫剂，晚上还要裹上浸透狄氏剂的防虫蛀毛毯睡觉。

当下园艺业已经广泛使用剧毒农药。在任何一家五金店、园艺用具商店和超级市场里都能找到成排的足够全部园艺工作需要的杀虫剂。在几乎所有的报纸园艺栏目和大多数园艺刊物上，提倡使用杀虫剂的文章大行其道。而没有广泛喷施这些致命毒药的原因只可能是行动太过于迟缓。

在草坪和园林中，极易致人猝死的有机磷类杀虫剂也被投入使用。所以，佛罗里达州卫生局于一九六〇年发布禁令，禁止居民区内一切达不到规定条件、没有许可的商业喷药行为。实际上在这条禁令出台之前，佛罗里达州出现了好多起对硫磷中毒死亡事件。

虽然已经有一些针对园艺爱好者和家庭用户的警告，提醒他们正在使用极危险的化合物。但是不断有新的小型器材出现，大大便利了在草坪和花园的喷药活动，自然也就增加了园艺工作的风险。例如，人们把盛装药剂的罐子接到花园的水管上，通过给草坪浇水的方式施用剧毒的氯丹和狄氏剂。这种装置不仅仅是危害到使用者，还会危害他人。《纽约时报》登载文章对以上行为发出警告，理由是在保护装置欠缺的情况下，毒药可能在倒虹吸作用下流入居民生活用水系统。相似的小型农药喷洒器材是如此地多，而像《纽约时报》那样的警告又是如此地少，公共水资源被污染的原因还不够明显吗？

有一位内科医生，同时也是一个园艺爱好者，他就遭受了杀虫剂的危害。这位医生每周都要给自己家的花丛和草坪喷药，开始是喷 DDT，后来改成了马拉硫磷；有时手拿小型喷雾器喷洒，有时通过水管外接装置施药。在喷药的时候，他身上不可避免地要被水雾溅湿。就这样过了大约一年后，他突然病倒了，被送到医院接受治疗。通过抽取脂肪样本化验得出的结果是，他身体内的 DDT 浓度为 23ppm。医生做出的诊断是，他的神经系统遭受了大面积、不可修复的伤害。接着，他越来越瘦弱，精力严重衰退，同时肌肉出现不正常的萎缩，以上都是典型的马拉硫磷中毒所表现出的症状。如果这些问题继续恶化，那么这位医生恐怕将要失去工作的能力。

被改造成农药施用装置的不只是原本平常的花园洒水管，机械式割草机也被加装上农药喷洒装置，方便家用人群在修剪草坪时顺便杀灭昆虫。可是这样就造成了两重危害。第一重是割草机燃油排放的尾气，第二重便是居民们任意施用的杀虫剂残留颗粒，双重污染物都源源不断地排放到大气中，使得私家院落集中的地区空气污染情况比很多大城市更加严重。

但是，极少听到有关在花园施用农药和家用杀虫剂的非议。在杀虫剂的外包装上印着字体微小不易辨识的警告，极难引起使用者的关注和重视。近期，有公司调查了杀虫剂说明书在使用者中的关注情况。调查结果不容乐观，知道杀虫剂外包装上有危害警告的人不足总数的15%。

现在，郊区住户为了消灭马唐草而甘愿付出巨大的代价。拥有几十包灭除马唐草的除草剂竟然成了社会地位的代表。从这些除草剂的商品名称里绝对看不到它真实的化学成分和化学特性。只有仔细阅读包装袋上不起眼的小字号说明，才会知道里边含有氯丹和狄氏剂。人们很少能从五金店和园艺用品商店的产品说明上获知其危害性。与之相反的是，杀虫剂广告里出现的都是"父子愉快地给草坪喷药，儿童和狗在地上打闹"的温馨幸福场景。

人们就食品中的农药残留问题展开了激烈的讨论。但农药厂商对这些问题的态度是不屑和否认。同时，主张食品应该避免杀虫剂污染的人士开始被冠上"激进分子"的蔑称，这一趋势大有愈演愈烈之势。在一片众说纷纭中，究竟谁对谁错？

医学研究表明（其实用常识判断也可以得出），在DDT问世之前（大约是一九四二年），当时的人体内不存在DDT及同类化学残留物。上文第三章已经讲到，从一九五四年到一九五六年，对普通民众进行抽样调查发现，平均带有浓度为5.3ppm到7.4ppm的DDT。后来，种种调查研究证明，DDT浓度一直在上升，而出于职业或别的原因经常暴露在杀虫剂前的特定人群体内含有更高浓度的残留。

对于无明确杀虫剂暴露历史的人群，可以假设其体内 DDT 的主要来源是饮食。全美公共卫生管理部门的专家们抽样调查了餐厅和单位集体的食品。结果在全部样本中都检测到了 DDT。实施调查的专家们完全可以下结论：几乎找不到没被 DDT 污染的食品。

食品中的 DDT 含量有可能是个非常大的数字。公共卫生管理部门的一项调查研究发现，在监狱食物中，炖干果含有浓度为 69.6ppm 的 DDT，面包里的 DDT 浓度甚至达到 100.9ppm！

在大多数家庭平时的饮食里，肉和动物脂肪含有最多的氯代烃，这是因为氯代烃是脂溶性的。比较而言，瓜果蔬菜含有的残留要少一些。几乎不能用水洗的方法去除这些残留，唯一可行的方法是，剥去生菜或卷心菜类蔬菜外面的叶子，削掉水果的外皮和果壳。一般的烹煮不能有效去除农药残留。

在食品监督管理部门明文规定不得含有杀虫剂残留的少数几种食品里，包括有牛奶。不过，实际情况是几乎每次牛奶抽查中都检测出了农药残留。其中黄油和别的一些乳制品中残留量最高。一九六〇年，食品监督管理部门抽取了四百六十一份乳制品进行检测，其中的三分之一含有农药残留，"情况很糟糕"。

恐怕只有在偏僻、落后，现代社会文明设施覆盖不到的地方，才能找到一份完全不含有 DDT 及同类化合物的食物。至少现在还能找到这样的地方——阿拉斯加的北极海岸。不过，污染的阴影也在逐渐遮蔽那里。专家们研究发现，那里的因纽特人不可能从食物中摄入 DDT。鱼、海狸、白鲸、北美驯鹿、驼鹿、髯海豹、北极熊和海象的脂肪、油脂和肉中都不存在 DDT；蔓越莓、美洲大树莓和野生波叶大黄同样没有接触到 DDT。唯一的例外是两只从波因特霍普市飞来的白猫头鹰，其体内检测到了 DDT，可能是在迁徙的途中摄入的。

抽样检测了爱斯基摩人的脂肪，结果发现了极微量的 DDT 残留，浓度不超过 1.9ppm。出现这种情况的原因已经非常清楚。选取样品的地点是在那些与外界有过来往的村落，村里的人曾经去安克雷奇全美公益医院接受过手术治疗。现代化的生活方式在安克雷奇已经非常普遍，在医院吃到的食物中含有与人口众多的大城市一样高的 DDT 浓度。只是短暂地接触了现代社会，就使毒素进入到这些爱斯基摩人体内。

农业上广泛施用农药，导致我们无可避免地每一顿都摄入一定量的氯代烃。假如农民严格依照药品说明里的推荐剂量喷洒，那么农药的残留量就会被控制在符合食品监督管理部门所制定的范围内。先不考虑官方制定的这些标准是不是真的"安全"，一个很明显的事实是：农民通常会超量施用农药，在即将收获时喷药，在一种杀虫剂即可解决问题的情况下混合施用多种杀虫剂。这些现象都从侧面反映了人们对杀虫剂包装上的细小文字说明的无视。

甚至农药厂商都认为杀虫剂滥用的情况有些严重，认为农民需要接受相关的培训。最新一期杀虫剂行业的代表刊物声称："很多农民不知道过量施用农药会破坏土地的'承受限度'。杀虫剂所造成的农作物损失，大多数是因为农民随意施用而引起的。"

食品监督管理部门的档案里记载了大量触目惊心的滥用农药的事例。列举其中一些无视说明滥用农药的典型例子：有位菜农在莴苣收割前喷洒了八种不同的杀虫剂；有位运输商在芹菜上喷洒了剧毒的对硫磷，而且是五倍于推荐浓度；尽管有规定明确禁止蔬菜中含有农药残留，但是菜农依然喷洒了最毒的氯代烃类化合物异狄氏剂；在菠菜收割前一周会喷洒 DDT。

还会有一些偶然或者意外的原因造成的农药污染。运输船上同时有一大批装在麻袋里的生咖啡豆和杀虫剂，于是咖啡豆就被污染了。仓库里重复喷施 DDT、六氯环己烷以及别的杀虫剂，就会造成其中存贮的包装好的食品被反复污染。杀虫剂会渗透过包装，深入到食品中造成污染。食品在仓库里存放越久，被污染就越严重。

或许有人会问："难道政府就不采取措施使我们免遭危害吗？"回答是："能力有限。"食品监督管理部门受到两方面的沉重掣肘，因此不能有效地保护消费者免受杀虫剂的危害。第一个方面是，管理部门有权监督跨州的贸易，但是却无权管理州内的一切种植贩售情况，不管其是否违法。第二方面是，管理部门人员编制奇缺，这是最关键的问题。管理部门的一位领导说，在已有的物质条件下，他们只能抽查极少的一部分州际贸易活动，比例远不足1%，并不具备统计学价值。而大部分州欠缺相关立法，所以州内种植销售的农产品是一种更加糟糕的情况。

食品监督管理部门所设定的污染物容许上限明显有问题。现在的情况是，相关的规定只是一纸空文，不过是制造出安全限度明确且严格遵守的虚假情形。在食品农药残留的问题上，官方的说法是少量残留不会出现安全问题，不同的农药都有其对应的安全剂量，只要不超过即可。但是有很多人根据自己的经验指出，食品中根本不应出现农药，只要出现就会造成危害。食品监督管理部门制定的污染物容许上限是通过药理实验得出的，选取实验中发现的一个不会使动物出现中毒症状的最大剂量数值，即是所谓污染物上限。这一安全评估体系是有缺陷的，它没有重视一些现实问题。在实验中，动物生活在人为、可控的环境里，其接触杀虫剂的方式与现实中人类面临的杀虫剂危害是完全不同的。现实中人类会接触到很多种杀虫剂，而且是在无意识的情况下。最重要的是，无法检测确定其种类和剂量。举个例子，一顿午餐沙拉里，莴苣含有的DDT残留量为7ppm，处在"安全"范围内，但是这顿午餐里不是只有莴苣，别的食材里可能也含有农药残留，尽管都满足规定的标准。不仅如此，还有很多会摄入农药残留的情况。人们在生活中被形形色色的农药残留包围着，根本无法统计一个人摄入农药的总量。所以，农药残留存在"安全剂量"根本就是个伪命题。

"安全限度"这一制度还存在别的一些局限。农药最高安全残留量的确定是不严谨的，有些根本没有参考食品管理部门专家的意见，有些是在尚不完全了解有关化合物化学特性的情况下设定的。等到新的研究得出更准确的判断、更可靠的资料之后，会降低农药残留的安全阈值，可是这时民众已经暴露在农药残留里长达数月甚至数年了。食品监管部门曾设定了七氯的最大允许残留剂量，可是后来还是撤销了。一些农药备案投放前，没有进行野外模拟试验，这就造成检测人员无法发现其残留。这类困难的一个例子便是施用在蔓越莓上的农药氨基噻唑，很难检测出其残留情况。同样缺少分析方法的还有某些作为种子包衣的真菌——播种季节过去以后，剩余的种子很有可能被人们食用。

事实上，设立许可限度也就是说要容忍食品中残留有害农药，这样做是为了减少种植户和加工商的生产成本。但这对消费者就太不公平了，他们不得不缴税供养执法人员以确保自己不会被致死剂量的农药残留危害。现在，农药施用的情况是用量大、毒性强，因此监督管理工作需要充足的资金来提供保障。可是却没有哪个立法委员敢批准这样大笔的款项。于是，不走运的消费者花了钱，却依旧不能免受毒药的危害。

我们应该如何应对这一问题？最急迫的是要叫停氯代烃、有机磷和别的剧毒农药的最大许可残留量。但是马上会有人站出来反对，理由是这样做将增加农民的负担使他们难以承受。可是，既然我们可以把蔬菜水果里的农药残留量控制在限定的数值（DDT 是 7ppm，对硫磷是 1ppm，狄氏剂是 0.1ppm）之内，为什么不更进一步，彻底避免残留的出现？实际上，政府已经严令某些农作物不得出现七氯、异狄氏剂或狄氏剂残留。那么，为什么不把禁止的范围推广到全部作物和全部农药呢？

当然，这些都还不是最终的、最彻底的解决办法，只喊口号是不行的。就像我们已经知道的，现在超过 99% 的跨州食品运输都未经过检查。所以食品监督管理部门非常需要提高警惕、提高积极性，同时增加检查人手。

不过，这样有意让食品中带有毒物，然后再进行立法监管的做法，不由得使人联想到刘易斯·卡罗尔的代表作《爱丽丝梦游仙境》里的白衣骑士。这个白衣骑士想出了一个"主意"：把胡子染上绿色，再拿一把大扇子遮住，这样别人就看不到绿胡子了。最终能解决问题的办法是改用毒性较小的农药，这样就算是喷洒过量，对民众的危害也会有很大程度的降低。这样的农药已经问世，比如除虫菊酯、鱼藤酮、鱼尼丁和其他天然植物制剂。近来和除虫菊酯功效相仿的化合物已经人工合成出来。有些国家已经做好增加此类天然制剂产量的准备，以应对市场需求的增长。民众急需知晓在售农药的化学特性，因此应对他们提供相关的培训。市面上的杀虫剂、杀菌剂和除草药可谓五花八门、琳琅满目，普通购买者根本没法弄清楚哪些是致命的毒药，哪些是相对安全的。

我们不仅要改用毒性较小的杀虫剂，更要主动探索研究出非化学的解决办法。现在，加州的某些地区正在作为试点试用一种新的方法，利用一种专门作用于某些昆虫种类的细菌，使其染病以实现灭杀效果。这一方法还需要进一步的大范围研究。此外，能够达到防治目的并且没有农药残留的办法还有很多（后文第十七章会谈到）。不管从哪种公认的角度来看，眼下的情况都是我们不能忍受的，在新方法大规模替代老方法之前，我们都难以放心。我们现在身处的境况不比波吉亚家族的宾客好上多少。

第十二章 人类的代价

随着工业的发展，化学药剂不断破坏着我们的环境，重大公共健康问题的重心也跟着发生转移。在大范围爆发的天花、霍乱和鼠疫等灾难面前，人类所表现出的惊惧和脆弱仿佛就是昨天的场景。但是现在人们已经不再害怕那些曾经的疫病，因为新型卫生设备、优裕的生活环境和各种高效的新型药物已经极大程度地遏制住了瘟疫。人们现在忧虑的是，环境中潜伏着新的危害——是我们自己在发展现代化生活方式的同时制造了新的危害。

不断有新的各式各样的环境卫生问题出现，有的是因为各种辐射，有的是因为层出不穷的化学药剂（杀虫剂只是其中的一类）。生活中到处都有化学药剂，它们直接或间接、单独或联合地危害人类。化学药剂成为笼罩在人们头上的一道看不见的恶毒阴影，让人寝食难安。假如一生都要在这样的环境中，接触并非人类自身进行的生化反应，那我们也不会知道将遭受什么样的危害。

全美公共卫生局的戴维·普莱斯博士说："我们一直在恐惧中生活，害怕某些因素会带来环境恶化，使得人类像恐龙那样走向灭绝……人类的命运在灾害暴发前的二三十年就已经不可改写，这一事实更使得人们寝食难安。"

杀虫剂和环境因素的疾病是否存在因果关系？我们已经知道，土壤、水源、食品都被杀虫剂污染了，河里无鱼、林中无鸟、花丛无蝶，放眼望去，满目死寂。人类必须坦诚接受自身也是大自然的一员这个事实。倘若全世界都被污染包裹，那人类又怎会是覆巢之下的完卵？

我们已经知道，无论哪种农药，接触量达到一定数值都会引起急性中毒。当然这并不是主要问题。农民、喷药工人、飞行员和别的大量暴露在杀虫剂中的人员急性毒发身亡，都是应该避免的人间悲剧。不过人类作为一个整体，更应该留意那些小剂量杀虫剂对地球造成的隐蔽危害。

负责公共卫生工作的官员指出，化学农药会在生物体内长期积聚，个体一生中接触的毒药总量决定着它所受到的危害，所以这种危害时常被忽略。人们往往不能预测到未来或许会突然出现的灾难。著名医学博士勒内·杜博斯说："人们一般只关注已经表露出症状的疾病，但是更大的威胁往往是暗中潜入人体的。"

这对我们每个人而言，是遭受了和密歇根州的知更鸟或者米拉米奇河流域的鲑鱼相似的问题，都是一个紧密联系、彼此依赖的生态学系统问题。投毒杀死了溪流中的石蛾，回到上游的鲑鱼就会大量死亡；喷药毒杀湖中的蚊子，有毒物质就会进入食物链传递，最终毒害当地的鸟类；给北美榆树喷药，第二年就听不到知更鸟的歌唱，我们知道喷药并不是直接针对知更鸟，但是毒素会沿着"榆树叶子—蚯蚓—知更鸟"这一链条不断传递。以上这些问题都是有文字记录的，是真实发生的事情，真切体现了科学家们所提出的生态系统是一个兴衰整体的学说。

在人体内部同样存在一个生态世界。在这个不可见的世界里，极不起眼的因素就会引起十分严重的结果。两者可能看起来毫无瓜葛——出现问题的部位离病根所在之处相隔很远。近期有医学研究报告称："某个部位的变化，甚至是某一个分子的变化，都可能会对整个系统产生影响，在看上去没有关系的器官和组织间诱发病变。"要是对奇特、隐秘的人体功能有足够的认识，就会知道其中的原因和结果并不是直接、清晰地联系起来的。很多情况下，两者在空间和时间上是不对应的。要弄明白发病原因和死亡的关系，就得把很多看上去完全不同、没有关系的情况联系在一起，而掌握这些情况是需要耗费时间和精力去做调查研究的。

人们常常只关注显眼的、直接的因素，而缺乏对别的因素的认识。如果不是危害已经爆发，人们仍会像鸵鸟一样选择逃避事实。这就给科研人员制造了困难，他们也不能找到症结之所在。在病症发作前进行精密检测以预知危害的技术手段，是医学界尚未攻克的一道难题。

或许会有人提出反对意见："我也曾不止一次地用狄氏剂喷洒草坪，但是没出现过像世界卫生组织喷药人员一样的抽搐病症——狄氏剂对我不造成危害。"事实并不是这样的。这些接触过农药的人没有爆发急病，但是毒素无疑是进入到他们身体里并且积聚起来了。我们已经知道，从最微小的剂量开始，氯代烃就会在体内不断积聚。有毒物质会在人体的所有脂肪组织中积存。当人体消耗脂肪，其中积存的有害物质便会被释放。新西兰某医学期刊近期报道了一个案例，有个男性肥胖症患者在治疗过程中突发中毒。经过检查，发现男子体内脂肪组织里的狄氏剂随着脂肪的分解而大量进入其代谢系统。因为疾病原因而出现脂肪大量消耗的人群也会有这样的风险。

不仅如此，有害物质积聚所带来的危害往往是难以察觉的。几年前，《全美医学协会会刊》发出严重警告，提醒大众脂肪组织中积存杀虫剂残留是非常危险的，与不易积聚的物质相比，更应该重视那些会在体内积聚的人工合成物质。该刊物还提醒说，人体18%都是脂质，而脂质不仅仅是指脂肪，脂肪是人体储存能量的组织，而其他脂质还承担着别的重要功能，积聚的有害物质会破坏这些功能的正常进行。人体各个器官和组织都存在脂质，它还是细胞膜的重要组成成分。所以我们必须认识到，脂溶性杀虫剂会积存在细胞中，从而破坏生命活动中最关键的氧化功能和能量产生过程。后文第十三章会进行这方面的讨论。

氯代烃类杀虫剂会严重损害肝脏。从肝脏宽广的功能和无法替代性而言，它是人体脏器中最特殊的，没有别的器官可以同它相提并论。肝脏担负着很多重要的机体功能，所以就算是受到了极微小的伤害，也会带来严重的问题。肝脏分泌的胆汁是消化脂肪不可缺少的物质。肝脏处在特殊的循环管道交汇的位置，所以能直接接触消化道传递过来的血液，因此能深入参与全部食物的消化过程。糖类以糖原的形式在肝脏贮存，分解出葡萄糖来确保血糖的稳定。肝脏还是重要的蛋白质合成场所，其中就包括发挥凝血功能的血浆蛋白。肝脏还发挥着维持血浆中胆固醇浓度的功能，在雄性或雌性激素失常时，起到抑制作用。还有不少维生素贮存在肝脏中，其中一些对肝脏维持正常是不可缺少的。

一旦肝脏出现问题，人体就会失去抵抗能力，无法承受不断侵入的各类有毒物质。人体代谢过程中也会产生一些有毒物质，但是会在肝脏发生去氮反应从而失去毒性。外界的有毒物质也能被肝脏解除。马拉硫磷和甲氧氯"比较安全"，毒性比同类杀虫剂小，就是因为肝脏中有一种酶能够改变它们的分子结构，使其毒性减弱。肝脏的这种功能把我们身边的大多数毒素的危害解除了。

现在，人们抵挡外界毒素和体内代谢毒素的防御系统已经被消解。肝脏被杀虫剂伤害以后，不只是失去抵挡毒素侵害的功效，其他的各项功能也不能正常发挥。这些问题非常严重，并且类型很多，不会在短时间内表现出来，所以很难搞清楚内在原理。

在所有杀虫剂都对肝脏有害这个大前提下，不难理解为何过去十几年（从二十世纪五十年代开始）里肝炎发病率会不断上涨且毫无降低趋势。听说一样不断上涨的还有肝硬化的发病率。虽然在人类身上证明原因 A 与结果 B 之间的因果关系比在动物身上更加困难，但是从我们的经验可以推测，肝病越来越多和环境中杀虫剂的增多是有关系的。先不去关心氯代烃是不是罪魁祸首，现在已经清楚了解了毒素会损害肝脏、降低肝脏抵抗力，却依然不能避免接触有毒物质，这样的做法似乎不够明智。

氯代烃和磷酸酯这两类杀虫剂分别通过不同的方式作用于神经系统，都会产生直接的危害。这一点已经被大量动物和人体试验所证明。最早投入使用的新型有机杀虫剂 DDT 主要是对人类的中枢神经系统产生影响，危害小脑和大脑皮层的运动区。通用毒理学教材上说，人接触到大量的DDT时会有刺痛、灼烧或瘙痒的反常感受，严重的还会肢体抽搐。

最早向大众普及DDT急性中毒症状的是英国的几位研究人员。他们为了弄清DDT中毒的危害而在自己身上进行试验。皇家海军生理学研究室的两位专家亲自触摸了墙壁上的含有2%DDT的水性涂料。DDT是附着在一层很薄的油膜里涂到墙上的。DDT通过皮肤进入了他们的身体。他们对症状的记录是这样的："明显感觉到疲倦、身子发沉、手脚酸痛，精神不振……非常容易生气……打不起精神去工作……最基础的动脑工作都干不了。关节时不时会疼起来。"

还有一位英国研究人员把DDT的丙酮溶液涂抹在自己身上，得出的体验报告写道：四肢沉重、酸痛，肌肉无力，"癫痫型抽搐"。这位研究人员在休假后感觉有所好转，但是回到工作岗位上就又发病了。他的四肢一直疼痛，而且睡不着觉，精神高度紧张焦虑，时不时还会全身战栗。这些症状使他在病床上煎熬了三周。这些正是我们已经熟知的鸟类DDT中毒症状。这位研究人员连续十周不能工作。到了年底，英国有医学期刊报道了这一病例，而这时那位研究人员还没有痊愈。（除了这些证据，还有几位美国研究者在自愿人士身上做了DDT接触试验。自愿人士一致向研究者抱怨头痛和"明显是神经层面的每根骨头都疼的感觉"。）

许多病例中出现的症状和发病过程都证明杀虫剂是致病因素。这些病人都曾接触到杀虫剂，然后清除了所处环境中的杀虫剂，并接受了治疗，症状得到缓解。可是需要注意的是，一旦再次接触同类药剂，疾病就会重新发作。这一情况完全可以作为其他一些病症的治疗参考，同时也警示我们，知道危害却放任农药被滥用，实在是一种愚蠢至极的做法。

为什么有的人接触和使用了杀虫剂而没有出现那样的症状？这其实是因为个体的敏感度存在差异。有研究表明，女性较男性敏感，未成年人较成年人敏感，室内工作者较户外工作者或经常锻炼的人敏感。在这些差异之外，还有别的一些尚未研究清楚的隐蔽差异。为何有的人对花粉或粉尘过敏，对某一药物过敏，对某些致病因素更缺乏抵抗力，而有的人则不是这样，其中的缘由现在还是困扰医学界的难题。不过，过敏确实困扰着很多人。很多医生推断，他们的病人中有不少于三分之一的人曾有过敏史，并且这个数字还在增大。不幸的是，原先没有过敏史的人也可能会突然间出现过敏现象。实际上，有的医生认为间隔性接触农药或许就是这种突发性过敏的起因。如果这种观点成立，那么有些特定职业人群长期接触农药却极少中毒的情况就说得通了。这是因为他们经常接触农药而产生了抗过敏的能力。应用这个原理，医生可以多次给过敏病人进行小剂量的过敏原注射，以达到脱敏的目的。

人类毕竟不是在精确控制的环境中生活的实验动物，接触到的是多种多样、剂量难测的农药残留，所以人类中毒情况要复杂得多。化学变化无处不在，几种主要的杀虫剂之间，杀虫剂和别的人工化合物之间，都会发生反应，带来未知的后果。不同类型的人工化合物药剂流进土壤、水源和人类体内后一定是会发生反应的。而这些反应是未知的、神秘的，不断改变着原来那些药剂的化学特性。

甚至在通常被认为是功能各异的两种杀虫剂之间，也会发生反应。氯代烃会损伤人类的肝脏，假如同时还接触了有机磷酸酯，那么胆碱酯酶就会受到更大的破坏作用。因为肝脏功能出现问题的时候，胆碱酯酶就会减少，相应的对有机磷酸酯的抑制作用就会被削弱，跟着就会出现急性中毒症状。并且我们已经知道，成对出现的有机磷酸酯之间也会发生反应从而使毒性剧增。能与有机磷酸酯发生反应的还有很多种药物、人工合成物以及食品添加剂。现在的人类社会中到处都是人工合成的新物质，谁也说不清哪些是危险的。

一些本来没有毒性的物质，会在别的物质的作用下，变成有害物质。最典型的一个例子是和 DDT 同源的甲基氯氧化物。（实际上甲基氯氧化物的危险性已经被近期的实验证实。通过在动物身上验证发现，甲基氯氧化物会对子宫产生影响，并且妨碍垂体激素的分泌。这也再次提醒我们，此类人工合成药剂对生物有很强的毒性。另外还有一些实验证明，甲基氯氧化物对肾脏也有危害。）单独使用甲基氯氧化物不会造成生物体内的残留积聚，所以它被认为是一种放心的农药。但它并不是真的安全。假如肝脏已经被别的毒药损伤，那么甲基氯就会以一百倍于正常情况的速度在体内积聚，会对神经系统产生跟 DDT 效果相似的长久伤害。即使肝脏的损伤是轻微的、不明显的，也会导致上述情况的发生。损伤肝脏的很可能是一些常见的事情：喷洒另外一种杀虫剂，使用以四氯化碳为配方的清洗剂，还有很多口服的镇静剂也是氯代烃类化合物。

神经损害不是只有急性中毒这一种情况，还有一些损伤是慢性的。有研究发现，甲基氯氧化物和别的一些药剂会对大脑和神经系统产生长久损伤。除了急性中毒的症状，狄氏剂还可能造成"记忆力减弱、失眠多梦、躁动不安"等长期并发症。临床研究发现，如果大脑和肝脏中积聚了大量六氯环己烷，"神经系统将遭受长期的严重损伤"。可是，这种六氯环己烷被加进各种各样的雾化器中，在家庭、办公室和饭店里施用。

人们过去认为有机磷酸酯只会导致突发性强烈中毒，现在才发现它还会造成神经系统的持续性物理损伤。最近的研究证明，有机磷酸酯还会引发神经系统混乱错位。很多长期接触此类杀虫剂的人，患上了身体麻痹的后遗症。在一九三〇年前后，正是美国历史上的禁酒时期，有种怪病的出现预示着一些事情。这种怪病的出现与杀虫剂无关，而与一种和有机磷酸酯具有相似化学特性的物质有很大关系。当时，人们在禁酒令的高压下，会选择一些药品作为替代。牙买加姜汁酒便是其中之一。但是，严格按照《联邦药典》生产的牙买加姜汁酒成本高昂，于是私酒贩子便要寻找廉价的替代品。他们生产的假冒牙买加姜汁酒竟然骗过了官方的化学专家，顺利通过检测。为了让假酒闻上去带有浓郁的酒香，他们使用了磷酸邻三甲苯酯。这种物质和对硫磷类衍生物都会破坏起保护作用的胆碱酯酶。私酒贩子的假冒牙买加姜汁酒造成大约一万五千人出现腿部肌肉麻痹的病症，严重的则彻底跛足。这种病症后来被称为"姜汁酒中毒跛足"。和这种麻痹症一起出现的，还有神经鞘损伤和脊髓前角细胞衰退两种病症。

在假姜汁酒事件过去了大概二十年以后，也就是二十世纪五十年代，有很多种有机磷酸酯类杀虫剂问世了。不久，就有和姜汁酒中毒麻痹相似的病例出现。一位德国的温室工人在施用对硫磷杀虫剂后不时出现轻微的中毒症状，紧接着在几个月之后开始出现麻痹症状。后来，有一个化工厂发生三位工人接触有机磷酸酯农药而急性中毒事件。经过抢救，三人都痊愈了。但是过了十天，其中有两人又出现腿部肌肉无力的症状。一个在休养了十个月之后康复，另一个是年轻的女药剂师，她的情况很严重，两腿瘫痪，双手、双臂都有不同程度的损伤。过了两年，有医学刊物追踪报道，称她依然不能站立行走。

引发这些问题的杀虫剂都已经退出了市场，但是现在还允许使用的杀虫剂也有同样的风险。通过在小鸡身上实验发现，园艺师爱用的马拉硫磷杀虫剂也会使小鸡出现肌肉萎缩的严重病症。跟姜汁酒中毒麻痹相同，小鸡也出现了神经鞘损伤和脊髓前角细胞衰退的问题。

一旦中了有机磷酸酯的毒，即使幸运地活了下来，生活也会变得艰难。这类农药会对神经造成严重损伤，所以病人后来都会出现精神问题。墨尔本大学与墨尔本亨利王子医院专家报告的近期的十六例精神疾病，可以证明两者确有因果关系。这些病人都曾长期接触磷酸酯杀虫剂：有三位是调查农药施用效果的研究人员，八位是在温室工作的园艺师，五位是农民。他们都出现了记忆衰退、精神分裂、抑郁等症状。在没有出现与杀虫剂有关的病症之前，这些人的体检结果都是很正常的。

我们可以在很多医学研究资料里看到这些中毒病例，一些是跟氯代烃有关，一些是跟有机磷酸酯有关。精神错乱、癔症、记忆力衰退……为了灭杀一部分昆虫，人类付出的代价是这样沉重！假如我们不停止施用那些危害神经系统的农药，我们还会付出更大的代价。

第十三章　透过一扇狭小的窗子

　　生物学专家乔治·沃尔德曾经把他所从事的极具专业性的"眼底视觉色素"研究工作比作是"一扇狭小的窗子，从远处只能看到窗口的一丝亮光，在走近窗户的过程中视野不断变宽。等到完全站在窗前，还是那扇狭小的窗子，却可以从中看到整个世界"。

　　同样的，我们先关注人体的单个细胞，研究其内部微观构造，接着了解在这些微观结构中分子的运动和变化。这些都弄清楚了，我们才会透彻地理解外来人工化合物给人体内部环境带来的长期而深入的影响。医学界近来才重视起单个细胞在制造生物体必需的能量的过程中发挥的作用。人体神奇的供能方式既是健康的保障，又是生命的根基。它甚至比人体最重要的器官更加不可缺少，试想一下，如果"氧化—放能"这一机制不再正常、高效，人体的各项生命活动还怎么进行？可是，很多用于消灭昆虫、鼠类和杂草的人工化合物，都会直接干扰人体的供能机制，妨碍其正常运行。

　　对细胞氧化作用的研究，是生物学界及生物化学界最前沿、最受关注的成果之一。很多诺贝尔奖得主都曾投入过这一研究领域。该领域的研究是在早期的有关发现上展开的，至今已有二十五年之久，但尚有很多未知的细节等待着人们去探究。最近十年，有关生物氧化作用的研究已经相对完整，生物体内存在氧化作用已经成为生物化学界的共识。但我们必须认清一个更关键的事实：在一九五〇年以前，只接受了基本培训的医务工作者，几乎不了解氧化作用的重要性和该过程被破坏后可能带来的危害。

能量不是在某个专门的器官里生产出来的，而是在人体的各个细胞中释放出来的。每一个活细胞都像是一团燃烧的火苗，通过燃烧去为生命体供能。这个比喻足够文雅，但是不够严谨，因为细胞"燃烧"的温度只是人体的正常体温。但是，这几十亿团温和燃烧的"小火苗"为生命供应了充足的能量。化学家尤金·拉宾诺维奇认为，离开了这些"小火苗"，"心脏会停下来，阿米巴虫不再游动，感觉信号无法在神经上传递，人类也将不再具有智慧"。

在生物细胞内，物质源源不断地转化为能量。这是大自然中的一种物质循环更替，就像是一个永动的轮盘。以葡萄糖分子形式存在的碳水化合物一粒又一粒地、一个分子又一个分子地往这只轮盘上输送。在不断的物质更迭中，这些分子要经历分解和一连串精细的化学反应。这一连串反应有序地进行，每一个步骤都有相应的酶来催化和控制，每一种酶都严格执行自己的功能和任务。每一个步骤中都有能量产生，也都有代谢废物（二氧化碳和水），反应后的燃料分子会进入到下一个步骤。完成一个循环更替过程后，燃料分子多次分解之后产生了一种新的物质，该物质可以与过程中的新分子结合，进入下一轮的循环更替。

细胞发挥作用的过程就像是化学工厂一样，堪称生物界的一个奇迹。更奇妙的是，每一个发挥效用的部分都非常微小。除了极个别的特例，绝大多数细胞的体型都非常微小，只能在显微镜下观察到。但是，氧化作用的多数过程是在一个更小的空间（细胞内的被称作"线粒体"的微小结构）里进行的。尽管六十年前人们已经观察到了线粒体，但是一直不了解、不重视它的作用，只看作细胞内无关紧要的大分子。到了二十世纪五十年代，对线粒体的研究取得了重大突破。学界对线粒体研究的热情空前高涨，短短五年内就有千余篇研究论文陆续发表。

不得不叹服科学家们在破解线粒体奥秘过程中所展现的出众才能和坚韧毅力。一个在三百倍放大镜下都难以看清的细小颗粒，科学家们竟能把它分离出来，加以分析，确定它的极其复杂的功能，其难度不难想象。是电子显微镜的发明和生物化学家过硬的技术实现了这一奇迹。

　　现在人们已经了解到，线粒体内部含有参与氧化过程的各种酶，这些酶准确整齐地分布在细胞内膜与膜间隙里。线粒体是细胞发生有氧呼吸释放能量的主要部位，俗称"能量工厂"。燃料分子在细胞质中进行第一阶段的反应，然后进入到线粒体。氧化作用在线粒体中结束，同时产生巨大的能量。

　　线粒体中氧化作用的不断循环，其全部意义就在于完成能量供应这一重大任务。氧化作用各个阶段释放的能量在生物学上称作 ATP（腺苷三磷酸），是一种包含三个磷酸基团的分子。ATP 中的一个磷酸基团会转化为别的物质，这个过程中电子高速往返产生键能。这是 ATP 供能的内在原理。在肌肉细胞中，末梢磷酸基团被传递到收缩肌，释放出能量。由此形成一个循环中的循环：一个 ATP 分子释放出一个磷酸基团，还保留有两个磷酸基团，就成了二磷酸基分子 ADP。大的物质循环继续进行，就会有另一个磷酸基团加入，重新回到能量储备状态的 ATP。这就像是人类发明的蓄电池，ATP 是充过电的电池，ADP 则是使用后没电的电池。

　　一切生物体（从微生物到人类）都是由 ATP 供给能量的。肌肉细胞的机械能，神经细胞的电能，都是由 ATP 提供的。不管是精液细胞，还是即将发育成为小蝌蚪、小鸟、婴儿的受精卵，又或者是内分泌细胞，都由 ATP 提供全部的能量。ATP 的少量能量在线粒体内部使用，大多数会快速进入到细胞中，为细胞的其他活动供能。线粒体在不同细胞内的位置是不一样的，主要是为了确保能量的高效运输，以配合不同细胞的不同功能。在肌肉细胞里，线粒体围绕收缩纤维分布；在神经细胞里，线粒体靠近与另一神经细胞的连接处；在精子细胞里，线粒体分布在头尾连接的部位。

　　在氧化作用的过程中，ADP 与自由的磷酸基团结合成 ATP 并恢复能量，这样的现象被称作偶联磷酸化作用。假如两者没有结合成偶联（也就是出现了"解偶联"），就无法提供能量。此时细胞正常呼吸，但不产出能量，就像是一台空转的发动机：发热但是提供不了动能。在这样的情况下，肌肉完不成收缩，神经脉冲不能正常传导，精子不能游动，受精卵不能进行复杂的分裂。解偶联对所有生物体（从受精卵到成体）来说都是灾难，最后的结果是组织坏死甚至是整个生物体的死亡。

造成解偶联的原因是什么呢？辐射是一个原因。有人说暴露在射线下的细胞会死亡就是因为发生了解偶联。很不幸，有不少人工合成的化合物也会破坏氧化作用和能量产生之间的联系，其中就包括杀虫剂和除草剂。人们已经了解到，苯酚对新陈代谢的破坏作用是很强烈的，会迅速升高身体温度，最后使人丧命，其原理就是发生解偶联之后身体"空转"。除草剂原料中广泛使用的二硝基酚和五氯苯酚都属于苯酚类化合物。2，4-D除草剂也会诱发解偶联现象出现。在氯代烃族农药中，已证实确会引发解偶联反应的是DDT。对氯代烃类化合物的研究还在不断深入，很可能还会有别的问题物质被发现。

当然，解偶联不是人体几十亿细胞"小火苗"熄灭的唯一原因。上文说过，氧化作用的每个步骤都有对应的酶参与，酶发挥重要的催化作用。破坏其中任何一种酶，都会打断细胞内的氧化作用。无论出现问题的是哪一种酶，其后果都是相同的。氧化循环活动像是一个转动的车轮，假如我们向轮辐间插入一根棍子，不管是插到了哪两根轮辐之间，都会使车轮停下来。同样的，无论破坏了哪个步骤中的酶，都会破坏氧化作用，使能量生产中断。这和解偶联带来的后果是一样的。

大多数常用杀虫剂都会像撬棍阻断车轮一样阻断氧化作用。研究表明，DDT、甲基氯氧化物、马拉硫磷、硫代二苯胺和各种二硝基化合物都对氧化作用过程中的某一种或几种酶有抑制作用。所以在接触了这些杀虫剂之后，整个能量生产都会被破坏，引起细胞缺氧，最终带来很多严重的后果。这里只做简单列举。

下一章将会提到，实验中系统性地抑制氧气供给，就可以观察到有正常细胞发生癌变。用正在发育中的动物胚胎做实验，可以观察到缺氧给细胞带来的严重危害。由于氧气不足，组织生长和器官发育都不能正常进行，出现畸变和别的异常情况。假如人类胚胎遭遇缺氧的情况，就会有先天性畸形的风险。

虽然深入探寻这些问题的人很少，但是有很多迹象表明，人们已经开始重视越来越多的此类问题。例如，一九六一年，联邦人口统计署针对全美范围内畸形新生儿的情况开展了一次专项调查，事后所做的书面报告中的调查数据证实了先天畸形确实与环境有关系。都知道这次调查主要是为了论证辐射的危害，但是也不能忽视众多人工化合物的危害，它们和辐射一样可怕。人口统计署认为，未来儿童出现发育异常和先天畸形的问题，其原因一定是外部环境异常和侵入身体的人工化合物残留。

另外还有一些研究发现，氧化作用被破坏、生物"蓄电池"ATP损耗很可能会引起生殖能力的衰退。在受精之前，卵细胞就需要大量ATP以做好下一阶段的准备；精子进入以后，卵细胞需要更多的ATP来完成受精。精子自身的ATP供能情况，直接决定了精子是否可以到达并穿透卵细胞。这些ATP是由在精子头尾之间积聚的众多线粒体产生的。受精成功之后，细胞分裂就开始了，这时ATP供应的能量直接决定了胚胎的发育状况。胚胎学专家用青蛙卵和海胆卵这样易于获取的材料做实验后发现，当细胞内ATP含量少于某个重要数值时，受精卵会停止分裂并快速死亡。

做胚胎学研究的实验室和知更鸟栖息的苹果树并不是不能关联起来。知更鸟在苹果树上做的巢里只有几枚凉冰冰的蓝绿色鸟蛋。鸟蛋里的"生命火苗"只是微弱地闪动了几天，然后就彻底熄灭了。在高大的佛罗里达松树的树梢上，白头海雕用树枝和木棍搭了一个巨大的鸟窝，里边是三只白色的大鸟蛋，凉冰冰的没有一丝生气。为何孵不出小知更鸟和小白头海雕？是不是像实验室里的青蛙卵一样，这些鸟蛋因为供能分子ATP不足而停止发育？是不是因为成鸟体内或鸟蛋里带有杀虫剂残留，破坏了供应能量的氧化作用，引起了ATP的短缺？

证实鸟蛋中含有农药残留并不是一件多么麻烦的事情，对它们进行研究观察可比研究哺乳动物的卵细胞要容易得多。不管是在实验室还是在野外，接触过 DDT 或其他烃类化合物的鸟蛋，一定会带上残留。在加利福尼亚州的实验室中，检测到野鸡蛋里含有高达 349ppm 的 DDT 残留。在密歇根州，被毒死的知更鸟肚子里还有未产下的鸟蛋，检测鸟蛋发现其中残留有 200ppm 的 DDT。被毒死的知更鸟遗留在鸟巢中的未孵化的鸟蛋里也残留有 DDT。周围农场施用的艾氏剂毒死了母鸡，毒素还进入到鸡蛋里。在实验中，用含有 DDT 的饲料投喂母鸡，产下的蛋里残留量达到 65ppm。

我们已经清楚地了解到，DDT 和别的（可能是全部）氯代烃类化合物会使某种酶失去活性，或者通过解偶联来干扰能量生产机制，从而破坏能量生产循环。我们无法想象被大量农药残留污染了的受精卵可以顺利走完整个复杂的发育流程：数不清次数的细胞分裂—形成组织和器官—合成最重要的物质—诞生新的生命。在整个流程中消耗了巨量的能量，而这些能量全部是由线粒体小囊在不断地代谢循环中产生的 ATP 供应的。

有理由相信除了鸟类还有其他受害者。所有生物体内的供能物质都是 ATP。鸟、微生物、人类和老鼠的新陈代谢都是为了产生能量。所以，胚胎细胞中残留有杀虫剂的事实让人们无法平静，因为那说明人类也要受到一定的影响。

研究发现，分化出胚胎细胞的组织和胚胎细胞内都残留有农药。用作实验对象的野鸡、老鼠、豚鼠，实施了杀虫剂喷施的榆树林里的知更鸟，西部防治云杉食心虫的林区的鹿……在大量的鸟类和哺乳动物的生殖器官中检测到了杀虫剂残留。知更鸟体内 DDT 含量最高的部位是睾丸。野鸡的睾丸中也含有浓度高达 1500ppm 的农药残留。

实验室里的哺乳动物存在睾丸萎缩的情况，这或许跟其中的农药残留有关。幼鼠暴露在甲基氯氧化物中以后，睾丸非常小。用 DDT 投喂过的小公鸡，睾丸只有正常水平的 18%，靠睾丸激素发育的鸡冠和垂肉也只是正常体积的三分之一。

精子如果缺乏 ATP，自身也会受到损害。用水牛的精子进行实验，发现二硝基甲苯会影响能量偶联活动，阻碍能量供应，使精子的活动能力大大减弱。会造成相同影响的还有其他一些人工化合物。临床病例显示，从事 DDT 空中喷洒的人员都存在精子数量减少的问题。

从人类整个种群的角度来说，基因比个体的生命更加珍贵，它连接了人类的过去、未来和当下。在漫长的演化中，微不可见的基因不仅塑造了人类的今天，也决定着人类未知的明天。但是，当代的人工产品可能会引发遗传衰退，"人类社会最大的威胁是人类自身创造的文明"。

又一次要拿人工化合物与辐射来进行比较。

辐射会对活体细胞带来一系列伤害：无法正常分裂，因而染色体结构变得异常，其承载的遗传基因也跟着发生突变，使后代出现新的性状。假如是特别敏感的细胞，则可能会迅速失活，或者过几年后成为恶性细胞。

通过在实验室里模拟类放射线或类放射物质的环境，人们看到某些物质可以产生与辐射相近的危害。这些物质中就包括很多种杀虫剂、除草剂，它们能破坏染色体，使细胞无法正常分裂，造成基因突变。接触农药的个体的遗传物质受损，出现病症，同时后代也要受到影响。

在几十年前，人们还不知道辐射或人工化合物存在这些危害。那时原子还没有被分离出来，能产生类似辐射作用的物质多数还没有被化学家们合成出来。在一九二七年，得克萨斯大学动物学系教授 H.J. 穆勒博士发现，经过 X 射线照射的生物后代会发生基因突变。这一发现打开了科学界和医学界的全新领域。穆勒凭借这一发现荣获诺贝尔生理学或医学奖。令人叹息的是，几年后日本人遭遇了灰色尘埃[1]之灾。现在人们已经熟知辐射的危害了。

很少有人知道，在二十世纪四十年代初，爱丁堡大学的夏洛特·奥尔巴赫和威廉·罗伯森曾进行过相关的研究。他们注意到，芥子气对染色体造成的不可逆变异和辐射带来的危害是相同的。用芥子气在果蝇身上做实

---

[1] 灰色尘埃：原子弹爆炸后形成的放射性烟尘。

验（穆勒早期也曾用 X 射线照射果蝇），同样发生了基因突变。就这样人类发现了第一种化学诱导变异手段。

不只是芥子气，现在，人类找到的能诱导动植物发生突变的化学品已经有很多种了。要弄清楚这些化合物如何改变遗传过程，首先要知道细胞的基本生命活动。

组成器官和组织的细胞一定要能正常地增殖，这样生命活动才会长久地进行下去。增殖通过有丝分裂或者核分裂实现。一个将要发生分裂的细胞，会出现一系列重大的变化，先是细胞核发生改变，接着整个细胞都会发生变化。在细胞核里，染色体神奇地移动、分裂，排成亘古未变的形式，把遗传因子（基因）传给子细胞。一开始，染色体变成很长的丝状，基因就像是串在这丝线上的一颗颗珠子。然后染色体在纵向上分裂，基因也就跟着分裂开。分裂成两个细胞后，子细胞中各有一半染色体。这样每个新细胞都含有一组染色体，上面承载了全部的遗传信息。正是这种方式，保证了物种的完整性和可持续性。

生殖细胞是通过一种独特的分裂方式[1]形成的。每一种生物细胞内都含有固定数量的染色体，精子和卵细胞结合的时候只需要给新个体提供一半的染色体。在形成生殖细胞的分裂过程中，染色体会精确地减少一半。这一过程中，并不会发生染色体分裂，而是每对染色体分成完整的两条，各自进入一个子细胞。

任何生命都要经过这一最初阶段。地球上的生命体都要发生细胞分裂，不管是人类还是阿米巴虫，不管是高大的红杉树还是细微的酵母菌，离开了细胞分裂就不能延续生命。所以，任何妨碍有丝分裂的因素都会危害生物体自身和后代。

在乔治·盖罗德·辛普森、彼得迪里和蒂凡尼的内容广博的巨著《生命：生物学导论》里，有这样的语句："像有丝分裂这样的细胞组织的主

---

[1] 独特的分裂方式："减数分裂"，是有性生殖的生物体形成生殖细胞的特殊分裂方式。

要特征，在五亿年前，甚至是将近十亿年前，就已经出现了。这样看来，地球上的生命虽然微小、复杂，但在时间的维度上却是无比持久的——远比山脉的历史要长。正是遗传信息一代代精确地传递下去，才维持住了这种持久性。"

但是，这三位学者所记述的那十亿年里，"精确的传递"没有遭受过像二十世纪中叶所发生的那种剧烈而直接的打击，是人类制造的辐射和广泛喷施的农药打击了这种传递。澳大利亚著名内科医生、诺贝尔生理学或医学奖得主麦克法兰·博内特爵士指出，当今"医学事业的一大特点是，随着医疗技术的持续发展和人工合成物质的不断涌现，保护人体器官不受诱变因素影响的屏障遭受到越来越多的破坏"。

对染色体的研究还处在起步阶段，而关于外部环境因素对染色体的影响，其研究同样是刚刚起步。到了一九五六年，出现了可以精确测定人类细胞中染色体数量的新技术，该技术还可以判断细胞内是否存在完整的染色体和染色质片段。在当时，环境因素会损坏基因还是相对前沿的概念，只有遗传学专业的人士知道，而大众几乎不会听取遗传学专家的意见。现在，很多人知道了辐射的危害，但是在特定的领域还是会有人否认这种危害。穆勒博士常常生气地说："太多人不相信遗传学原理，其中包括政府的决策者，甚至还有很多医学从业者！"民众和多数医学家、科学家都不了解人工化合物会造成类似辐射的损害。所以，人们没有评估检测化学药剂的常规用途（非实验用途），而这是一件关系重大的事情。

评估化合物潜在危害的不是只有博内特爵士一个人。英国著名学者皮特·亚历山大博士指出，人工化合物的危害可能远远超过辐射。在遗传学领域耕耘几十年、成就斐然的穆勒博士指出，各种人工化合物（包含以杀虫剂为代表的农药）"会像辐射一样增加基因突变的可能……现代社会中人们频繁暴露在异常的人工化合物中，却不了解基因受到诱变的情况"。

化学诱变物质不受重视的原因之一，可能是早期的发现局限于研究领域，与大众生活不够紧密。毕竟，氮芥不会被从空中喷洒，而是供生物学家在实验室使用，或者供内科医生应用于癌症治疗。（最近有报道称，有患者在接受氮芥治疗后，检测发现染色体受损。）但是，杀虫剂和除草剂却出现在人类生活的各个角落。

虽然这些问题没有引起人们的关注，但还是有不少的杀虫剂事件可以证明，它们确实会破坏细胞的主要活动，从轻微损伤染色体到诱发基因突变，严重的甚至会导致细胞发生癌变。

连续几代暴露在 DDT 中以后，蚊群中会出现一种怪异的雌雄同体——同时表现出雌蚊和雄蚊的性状。

在用各类苯酚处理过以后，植物会出现染色体受损、基因改变、诡异的基因突变和"永久的遗传改变"。果蝇是遗传学中最经典的实验对象，在接触了苯酚以后，出现了突变，然后一接触普通杀虫剂或聚氨酯便会死去。尿烷也是氨基甲酸乙酯类的化合物，以它为基础生产出的杀虫剂和其他农药越来越多。实际上，为了防止仓储的马铃薯发芽，施用了两种氨基甲酸乙酯类化合物，原理是它们能够阻止细胞分裂。同样可以阻止发芽的另一种物质——马来酰肼（jǐng），已被认定具有极强的诱变性。

用六氯化苯和六氯环己烷处理过的植物会发生严重的畸变，其根部长出像肿瘤一样的块状突起物。细胞内染色体加倍，造成植物外部膨大变形。一直到细胞不再分裂，染色体加倍才会停止。

同样的，用 2，4-D 除草剂处理过的植物也会出现肿瘤一样的块状突起物。此时植物细胞内的染色体变粗、变短，集中在一起，使细胞无法正常分裂。据说这样的情况非常像是接受了 X 射线的照射。

上述仅为一部分事例，还有很多例证可以参考。因为现在还没有针对杀虫剂诱变效果的定量研究，所以上文列举的事例都是细胞学或遗传学研究中的附带成果。现在最紧要的事情是针对该问题实施直接的研究。

有些科学家承认辐射对人类的危害，但不相信化学诱变物也具有这样的影响。他们承认放射线有很强的穿透性，但不认为人工化合物也能到达生殖细胞。对人类的直接研究尚且没有先例，所以我们无从论证。但是，鸟类与哺乳动物的生殖器官和生殖细胞中存在大量 DDT 残留这一事实无疑是个强效的证据，起码证实了氯代烃族化合物残留在动物体内广泛存在，并且接触到了遗传物质。宾夕法尼亚州州立大学的大卫·E.戴维斯教授近日注意到，有一种化合物可以阻断细胞分裂，导致鸟类不孕不育，而该物质被应用在人类癌症的治疗上。这一药物的亚致死剂量就可以阻断生殖器官内的细胞分裂。戴维斯教授组织进行了多次成功的野外实验，已经证实了自己的理论。所以，我们不应该再妄想有生物的生殖器官可以不受人工化合物的影响。

近期出现了几项意义非凡的有关染色体异常的医学研究发现。一九五九年，英国和法国的几个研究组织注意到，他们各自进行的研究得出了相同的结论：染色体数量异常是人类某些疾病的病因。在他们研究过的那些疾病和机体异常中，染色体的数量都不正常。例如，所有先天愚型患者的染色体都比正常人多一条。有时这条染色体连接在另一条染色体上，于是染色体条数还是正常的四十六条。但是大多数情况下，那条多余的染色体是单独存在的，这时染色体的总数是四十七条。探寻这些病人的发病原因，应该从他们的上一代入手。

在英美两国，从很多慢性白血病患者的情况可以看出，导致他们发病的应该是另外一种机制。患者的血细胞里都存在不正常的染色体缺失现象。但他们的皮肤细胞中染色体是正常的，这说明在早期的一些生殖细胞中并未出现染色体异常情况，问题出在发育阶段的一部分特定细胞里（这里是前体血细胞）。个别染色体的缺失就会使这些细胞不能正常发出"行动命令"。

自从打开了这个全新的研究领域，人们逐渐认识到很多身体缺陷背后的原因是染色体缺失，并且研究范围早已不仅限于医学领域。例如，已经清楚克氏综合征的病因是性染色体复制出现异常。患者为男性，其携带有两条 X 染色体（正常男性的染色体应为 XY，患者却为 XXY），属于染色体异常。这样的患者无法生育，同时身高异常地高，并伴有精神缺陷等问题。另有一种相反的情况，是只有一条性染色体（即 XO 型，而不是正常的 XX 型或 XY 型）。这样的患者事实上是女性，但没有女性的很多第二性征，同时还有很多生理缺陷，严重时甚至伴有心理缺陷。这是因为

X 染色体上有众多决定性状的基因。这类疾病医学上称作特纳氏综合征。在没有搞清楚这些疾病的病因时，就有医学文献收录了对这两种疾病的描述。

有不少国家的科学家们对染色体异常这一课题进行了深入的研究。威斯康星大学的克劳斯·帕图博士所领导的研究小组，一直致力于研究以智力发育障碍为代表的先天畸形问题。这类疾病可能是染色体复制不完全造成的，是在形成某个生殖细胞的过程中发生了染色体破裂，破裂部分没有重新以正确的顺序排列。这样的异常变化通常使得胚胎无法顺利完成发育。

根据现在已有的科学知识，我们知道，一条多余的染色体常常代表着死亡，在胚胎阶段就无法成活。现在已经知道，只有三种情况可以侥幸存活，其中一种是先天愚型。另外，染色体上多出来的片段，不一定致死，但带来的问题还是非常严重。威斯康星大学的专家们认为，大多数至今没有搞清楚病因的儿童高发性发育不良（智力愚钝也包括在内），都与这种染色体异常有关系。

染色体异常无疑是一个新的研究领域，专家们现在主要研究其与疾病和发育不良之间的关系，还没有深入探寻出现这种异常的缘由。我们不能简单地认为染色体断裂或细胞异常分裂是由某一种因素造成的，这样的观点无疑是没有深思熟虑的。人类向自然环境中投施了多少可以直接影响染色体、引发上述病症的化合物，难道他们自己不知道吗？只是为了防止马铃薯发芽或为了灭除家里的蚊子，人类就付出了如此高的代价！

经历了二十亿年的原生质进化，才形成了人类现在的遗传基因。这笔财富暂时由我们拥有，但我们的子孙后代也有权享有。如果我们愿意为之努力，就一定可以保护好遗传基因，停止对它们的损害。可是现在，人们还没有行动起来保护基因的完整。尽管法律法规要求农药厂商严格检测产品的毒性，但是关于农药对遗传多样性的破坏，目前的立法尚属空白。在这种情况下，农药厂商自然不愿意给自己添麻烦。

第十四章　四分之一的概率

生物和癌症之间的斗争已经有很长的历史，准确的起始时间因为过去太久而无从查证。但可以确实的是其一定源于自然环境。大自然中的各种生物，不可避免地受到太阳、风暴和古老地球的或好或坏的影响。面对大自然中的灾害，生物必须选择适应，否则便要被淘汰。太阳光里的紫外线辐射会引起病变。岩石会放出射线，土壤或岩石里的砷会污染食物和水源，这些都是致病源。

在生命尚未出现之时，有害物质就已经出现在自然界中了。但是这些不利因素没有阻挡住生命的出现，经过了千百万年的演化发展，生命的形式千姿百态、数量众多。自然界亿万年的漫长演化中，弱者淘汰、强者生存，生物不断改变自身以适应种种自然考验。天然的致癌物仍然是不可忽视的致病因素，但此类物质存量很少，并且从远古开始，生物已经学会了适应这些不利因素。

当人类出现以后，事情发生转变：人类是一切生物中，唯一可以制造出致癌物质的物种。这类物质在医学上被称作"致癌物"。人类最早造出致癌物是在几百年前。其中一例便是含有芳香烃的烟尘。工业时代到来之后，世界范围内的变化更加迅速。种种运用物理技术、化学技术开发出的新材料营造出了不同于自然环境的人工环境，这中间的不少物质都有改变生物的强大力量。人类还不能做到不受这些人工致癌物的影响。尽管人类的生物机能也在不断变化，但是需要漫长的过程来适应环境。这些强大的致癌物能够很容易地攻破人体的薄弱防御。

相比较癌症漫长的历史而言，人类对致癌物的认识却是不久之前的事情。大约两百年前，伦敦有位内科医生，他首次注意到外界环境因素与人体病变间存在关联。一七七五年，波西瓦尔·波特爵士称，在烟囱清理工里高发的阴囊癌症与他们吸入体内的烟尘有很大关系。那时，受限于技术手段，他解释不了内在的原理。但现在研究者已经从烟尘中找到了有害的化合物，验证了波特爵士的观点。

在波特爵士提出论断之后的一个多世纪里，人类仍旧不知道经常呼吸、食用或者皮肤接触某些化合物会引发癌症。当然，在康沃尔与威尔士的炼铜工厂、锡铸造厂的工人中皮肤癌高发的情况，已经引起某些人士的关注。同样，也有人关注了德国萨克森州钴矿工人和波希米亚乔琪尔赛尔的铀矿工人的肺病，后来证实是一种癌症。上述事例还只是工业发展早期的情况。现在，工业发展进入了新阶段，工业品已经遍布生态圈的各个角落。

到十九世纪最后二十五年的时候，人类才开始认识到恶性病变是工业发展的产物。当时，巴斯德正在研究微生物与各种传染疾病之间的因果关系。为了寻找癌症的发病原因，另一群科学家把研究注意力放在了萨克森州新的褐煤工业与苏格兰页岩产业工人的皮肤癌问题上。十九世纪末已发现六种工业产品具有致癌性；二十世纪已经制造和正在制造的大批新致癌物都是与日常生活关系紧密的物质。从波特爵士提出发现至今的不到两个世纪的时间里，自然环境已经发生了深刻的变化。接触有害物质的不再仅是特定职业的人员，每个人在日常生活中都会接触到，甚至连没出生的胎儿都无法幸免。现在恶性疾病的发病率不断增长，实在不是什么值得惊讶的事情。

这并不是信口开河。联邦人口统计署在一九五九年七月的月报中写道：在一九五八年，死于包括血液和淋巴肿瘤在内的恶性肿瘤的人数，是全年死亡总人数的 15%，而在一九〇〇年，还只有 4%。人口统计署依照现在的患癌率计算得出的结果是，全国将有四千五百万人会得癌症。也就是说，全美三分之二的家庭都会有癌症病人。

更让人忧虑的是儿童的情况。二十五年前，儿童的癌症发病率还处在非常低的水平。现在，全美学龄前儿童的头号疾病杀手便是癌症。情况很严重，波士顿最早设立了儿童肿瘤的专科医院。在一至十四岁儿童的死亡案例中，有 12% 是因为癌症。临床上有很多尚未满五岁的儿童患上恶性肿瘤，更可怕的是，其中有一些甚至是新生儿或胎儿。全美癌症研究中心的 W.C. 修珀博士是研究环境致癌问题的权威，他认为，先天性癌症和婴儿癌症的发病原因，很可能是母体在妊娠过程中接触了致癌物质，这些物质在侵入胎盘后会干扰胚胎组织的正常发育。通过在动物身上做实验，发现接触致癌物质越早，发生癌症的可能就越大。佛罗里达大学的弗朗西斯·雷博士提醒人们："往食品里添加各种化学药剂，增加了儿童患癌的风险……我们没有办法推测，四五十年后的情况是什么样的。"

当前最值得关注的是，人类发明出来用于控制自然的化合物，是不是引发癌症问题的罪魁祸首。动物实验的结果表明，有五六种杀虫剂具有明确的致癌性。要是再算上不少医生已经认定的诱发白血病的物质，那这个致癌物质名录会更长。虽然这些只是间接证据，毕竟还没有在人体上进行过实验，但是也足够令人震惊了。还有另外几种杀虫剂会破坏生物的组织或细胞，存在间接致癌的风险。

砷是人类最早发现的跟癌症有关联的致癌物质，它存在于亚砷酸钠除草剂、砷酸钙和别的一些化合物中。砷很早就与人类、动物的癌症发生关联。在修珀博士的代表性学术著作《职业性肿瘤》里，记述了一个经典的事例。西里西亚雷切斯坦市的金矿、银矿已经开采了将近一千年，而砷矿的开采则是从近几百年才开始的。这几百年以来，废弃的砷矿渣一直堆在矿井旁边，被小河冲到山脚，污染了地下水，使饮用水源带有砷毒。几百年里，矿区的住民一直被"雷切斯坦病"折磨。这种病的病因就是慢性砷中毒，症状表现为肝脏、皮肤、肠胃和神经的功能异常，时常发展为恶性肿瘤。约在二十五年前，当地开始使用别的水源，生活用水中的砷大大减少，于是"雷切斯坦病"渐渐成为历史记忆。但是，在阿根廷的科尔多瓦省，当地居民的生活用水是来自岩层的地下水，受到砷的污染，所以慢性砷中毒导致的皮肤癌问题仍然非常严重。

长期大量施用含砷杀虫剂，极易造成像雷切斯坦和科尔多瓦那样的问题。在美国的烟草种植园、西北部的果园和东部的蓝莓种植基地，土壤的砷污染问题都非常严重，极可能带来水源污染问题。

砷污染不仅危害人类，同样也会危害动物。一九三六年，德国的一份报道引发了极大范围内的关注。在萨克森州弗莱堡地区，银铅冶炼炉喷出的烟尘里含有砷。烟尘四散到附近的村子，飘落到植物上。修珀博士的书里写道：马、牛、羊、猪都以这些植物为主要食物，它们都出现毛发脱落、皮质变厚的症状。同时，在附近森林生活的鹿偶尔会出现不正常的色斑和癌症前期的疣块。已有一头被确认是出现了癌变。家畜和野生动物都有"砷引起的肠炎、胃溃疡和肝硬化"病症出现。曾在冶炼厂四周吃草的羊群中突发鼻窦癌；解剖死羊的尸体，在大脑、肝脏和肿瘤里都检测到了砷残留。这里还发生了"大批昆虫死去，特别是蜜蜂。雨水冲掉树叶上含砷的粉尘，落入河水与池塘中，毒死了大量的鱼"。

还有另外一个例子，这里要讲的致癌物是一种新近合成的有机杀虫剂，主要用途是杀灭螨虫和蜱（pí）虫。从这种杀虫剂的使用历史可以看出，即使为了保护公众利益而制定了有关的法律法规，但是法律效力的实现具有滞后性，当依照法律法规解决了问题之后，可能公众已经在致癌物中暴露了好几年了。这是否也可以说明，现在官方认定是"安全"的事物，到了以后才会发现其危害呢？

一九五五年，这种杀虫剂上市。当时，厂家申请了"最大残留量许可"，即喷药农作物的残留量不超过一定数值即为合格。厂家按照有关法律法规，在动物身上进行了药理实验，测定最小致死剂量，将测定结果和"最大残留量许可"申请文件提交管理部门。但是，全美食品监督管理部门认为，实验报告中显示这种杀虫剂有致癌的风险。管理官员提议对这种杀虫剂施行"零残留"标准，即在州际食品贩售中不得存在该杀虫剂的残留。不过，厂商有申诉的权利，他们提请专门的仲裁委员会审核。委员会给出的是一个中间方案：在两年内，暂时允许 1ppm 的残留量；在这两年内实施研究检测，根据检测结果决定是否把该杀虫剂列入致癌物。

该委员会肯定不会承认，这样做等于是拿公众做试验，就像动物实验中拿狗和老鼠来检测物质的致癌性一样。不过很快动物实验的结果就出来了，两年后该杀虫剂的致癌性得到肯定论证。可是在那一年（一九五七年），食品监督管理部门没有立即撤除该杀虫剂实施的"最大许可残留量"。走完各项司法、行政流程已经是整整一年以后了。最终，到了一九五八年年底，有关官员在一九五五年就提出的"零残留"标准才得以实行。

杀虫剂里的致癌物质还有很多，上述只是很少的一部分。通过动物实验发现，DDT 可能是肝脏肿瘤的诱发因素之一。发现这一问题的食品监管部门的研究员虽然尚未弄清这种肿瘤的类别，但还是指出"应将其定性为低分化肝细胞癌症"。现在，DDT 已被修珀博士认定为"致癌化合物"。

有两种氨基甲酸酯类的除草剂 IPC 和 CIPC，用其在老鼠身上进行实验，结果诱发了皮肤肿瘤，并且有一部分还是恶性的。似乎是这两种除草剂先引发了老鼠的病变，然后环境中别的人工化合物继续施加作用，最终导致恶性病变。

除草剂氨基三唑在实验中会使动物患上甲状腺癌。一九五九年，种植蔓越莓的农民误用了氨基三唑除草剂，使得流入市场的蔓越莓均带有农药残留。食品监督管理部门没收了这些被污染的果子，但惹来不少非议声。民众对这些药物是否是癌症诱发因素感到怀疑，其中还有一些医学专业人士。食品监管部门公布的实验结果表明，氨基三唑在实验鼠身上确实引发了癌变。在实验中，老鼠一直被投喂氨基三唑浓度为 100ppm 的水，在第六十八周观察到甲状腺肿瘤。两年以后，超过半数的实验老鼠还长着肿瘤，经过诊断，发现在这些肿瘤中有良性的也有恶性的。减少氨基三唑的量仍然不能避免肿瘤的出现，事实上，只要接触了氨基三唑，实验老鼠就会生出肿瘤。现在，还没有人找到确切的能够诱发人类患癌的氨基三唑剂量，但是哈佛大学医学系教授大卫·卢茨坦博士认为，任意剂量的氨基三唑都会伤害人类。

新型氯代烃类杀虫剂和新型除草剂所带来的危害，还需要假以时日才能完全暴露出来。大部分恶性病变都是以极缓慢的速度发展，通常是在很长时间以后，病人才会表现出明显的症状。二十世纪二十年代初，负责给手表表盘上刻画发光数字的女工，在工作中使用的镭会从口中侵入人体。过了十五年或者更长时间以后，这些女工中有人患了骨癌。已经统计清楚，因致癌物暴露而造成的职业性癌症，潜伏期长达十五至三十年，特殊情况甚至会更长。

和各种职业性的致癌物暴露不同，一九四二年左右DDT开始被应用于军队，一九四五年左右开始民用领域的推广，到二十世纪五十年代初期各种人工合成的杀虫剂才被推广使用。这些化学制剂的危害暂时还没有显露出来，但已经在酝酿之中了。

在普遍潜伏期都很长的恶性病变中，白血病是个例外。广岛核爆中的幸存者在三年后接连患上白血病，这是目前已知的发病最快的恶性病变。未来也许会发现别的潜伏期短的癌症，但是就现在的情况而言，癌变是一个长期的过程，唯一的例外便是白血病。

从新型杀虫剂面世至今，白血病的发病率一直在不断增长。全美人口统计署公布的统计数据显示，越来越多的人出现造血系统的恶性疾病。一九六〇年，白血病导致一万两千两百九十人死亡。一九五〇年，死于各种血液和淋巴恶性肿瘤的有一万六千六百九十人，到一九六〇年就增加到两万五千四百人；一九五〇年时，每百万人中有一百一十一个人死亡，到一九六〇年这一数字就增加到一百四十一个人。这种增长不是只在美国，别的国家统计的不同年龄阶段的白血病死亡人数每年都要增长4%—5%。这意味着什么？是不是说明人类所处的环境中不断有新的有害物质出现呢？

梅奥医院和其他一些世界范围内都很有名的医疗机构接诊了几百位造血系统病症患者。梅奥医院的血液科医生马尔科姆·哈格雷福斯博士和同事说，这些病人都曾经暴露在DDT、氯丹、苯、六氯环己烷和石油分馏产物的喷雾中，没有一个例外。

有毒物质引起的环境性疾病越来越多。哈格雷福斯博士说："近十年情况尤其糟糕。"他凭借自己多年的临床经验做出论断："大多数血液成分紊乱或淋巴病症患者都有明确的烃类接触历史，而这些物质中就有现在被广泛应用的大部分杀虫剂。通过完整的病历便能看出它们之间的联系。"现在，这位专家已经掌握了许多他所接诊的病人的详细病史，这些病人的问题有白血病、再生障碍性贫血、霍奇金病以及别的血液和造血系统功能障碍疾病。他报告说："这些病人都曾暴露在那些有害物质中。"

从病史中可以发现些什么呢？有一份病历是关于一个害怕蜘蛛的女士的。八月中旬，她用含有DDT和石油分馏产物的喷雾剂在她的地下室中细心喷洒了一遍，楼梯背面、水果柜角落，还有天花板和椽子的角角落落，都用喷雾喷了个遍。喷完以后，她感觉非常难受，恶心欲吐、焦躁不安。过了几天，她感觉好些了。但是，她没有意识到她的不适与喷雾剂有关。到了九月，她再次对地下室喷药。重复经历了两次"喷药—不适—短暂恢复—再次喷药"的过程之后，到喷过第三次药时，这位妇女的病情出现了新情况：发热、关节痛、全身难受，还有一条腿急性静脉发炎。哈格雷福斯博士给这位女士做了检查，发现她患上了急性白血病。一个月后，她就离世了。

哈格雷福斯博士还有一位病人，是一名企业职员，他办公的建筑破旧而生满蟑螂。因为忍受不了蟑螂的侵扰，他决定动手灭除蟑螂。他花费一个周日的时间在地下室和隐蔽的角落喷药，喷洒的是DDT浓度为25%的甲基萘悬浊液。不久，他身上有瘀青和出血症状出现。等到了医院，身上已有多处出血。通过分析血液发现，他出现了严重的骨髓衰竭，即再生障碍性贫血。在后来的五个半月中，医生对他进行了五十九次输血和各类治疗，症状有了一定的缓解。但是，过了九年之后，他还是患上了要命的白血病。

在关于杀虫剂的病例中，最常出现的是DDT、六氯环己烷、六氯联苯、硝基苯、常用防蛀剂对二氯苯和氯丹，当然也包括这些药物的组合溶液。就像哈格雷福斯博士着重指出的那样，单纯只接触一种药剂的情况只是个例，并不常见。市场上在售的杀虫剂一般都含有多种有效成分，而常用于溶解这些活性成分的石油分馏产物本身就带有杂质。芳香烃和不饱和烃的溶剂本来就会严重损害造血系统。但是，区分有效成分和溶剂只在医学研究领域是有必要的，在实际应用中没有什么价值，因为大部分农药在使用过程中都需要溶解在这些石油分馏产物中。

美国等国家的医学文献中都记录有大量的病例，可以证实哈格雷福斯博士所做出的农药与白血病和别的血液疾病有关联的论断。患者的身份如下：被给自家喷药的飞机喷溅到农药的农民，在喷洒过灭蚁喷雾的房间里学习的大学生，家里装有移动式六氯环己烷雾化器的家庭主妇，在喷洒了氯丹和毒杀芬的棉花地里劳作的工人……隐蔽在病历中医学专门术语背后的，是下面这些悲剧。在捷克斯洛伐克，有一对年轻的表兄弟。俩男孩生活在同一个小镇，工作、玩耍都在一起。他们生前所做的最后一份工作是给一家农场搬运成袋的六氯联苯杀虫剂。八个月以后，其中一个患上急性白血病，过了九天便离世了。这时另一个也出现疲惫、发热的情况。不到三个月，病情恶化，被送入医院救治，也是急性白血病，最终也没能抢救过来。

另外还有一位瑞典的农民，他的遭遇与日本金枪鱼捕捞船"福龙丸五"号上的船员久保爱吉惊人地相似。[1] 久保爱吉身体强壮，这位农民同样如此；久保爱吉的职业是在海上捕捞，这位农民是在田地里劳作。差别是，一个遭遇了带有放射性的尘埃，另一个则遭遇了化学污染粉尘。这个农民向六十英亩的田地投施了 DDT 和六氯联苯的混合粉剂。当他在田

---

[1] 该事件被称作"久保山事件"或"福龙丸事件"。一九五四年三月一日，美国在太平洋上的比基尼岛公海上划定"危险区"进行氢弹试验。当天，日本渔船"福龙丸五"号载船员二十三人在远离比基尼岛"危险区"外的公海上捕鱼，遇到了美国氢弹试验放射性微尘，引起了急性放能症。九月二十三日船员久保爱吉不治身亡。该事件引起日本人民和全世界人民的极大愤怒和反对。

里撒药的时候，风把药剂吹得在他四周飞散。瑞典隆德医院的病历报告是这样描述的："当天夜里，病人感到非常疲劳。接着几天，他一直没有力气、背疼、腿疼、发冷，不得不躺在床上……但是，他的病情一直在加重。五月十九日（距离喷药已经过去了一周），他进入当地医院住院治疗。"病人体温异常高，血细胞数量异常，不得不转送隆德医院抢救。过了两个半月，这个农民离开了人世。解剖尸体发现，他的骨髓已经完全坏死。

像细胞分裂这样基础而关键的生理活动，是怎样受到干扰，引发变异而受到破坏的呢？无数科研人员把精力投入到这一课题，一并被投入的还有大量的资金。在细胞内部，究竟发生了什么，使得有秩序的细胞分裂转变成脱缰野马之势的细胞癌变？

基本上可以确定，关于这个问题的答案，有很多种不同的说法。病因有差异，发病过程有差异，影响生长和衰退的原因有差异，导致癌症有很多种不同的症状表现，其背后的发病原理自然是各不相同的。但是，在千差万别的表现下面，主要的病因似乎还是几种干细胞的损伤。在世界各地都有针对该课题的研究，有的甚至跳出了癌症研究的框架。在这些不成系统的研究工作中，可以看见将来解决这一难题的希望。

人们再一次认识到，研究细胞和染色体等最基础的生命结构，才是探寻未知领域的正确方向。人类需要在这个微观的世界中，找到影响细胞进行奇妙运转的因素。

关于癌细胞的起源，德国生物化学专家奥托·沃伯格教授提出的理论最受人关注，他就职于马克斯·普朗克细胞生理研究所。沃伯格教授一直在研究细胞内部的复杂氧化反应。通过大量的实验，他清楚、形象地揭示出正常细胞癌变的过程。

沃伯格教授指出，放射线和化学致癌物干扰细胞的正常呼吸，使得细胞缺乏能量。长期持续暴露在小剂量的辐射或有害化合物中，就会出现这些问题。问题一旦出现，就没有补救的余地。没有窒息死亡的细胞会尽力补充流失的能量。但是它们不再继续进行原有的高效率的呼吸能量循环，不能产生大量 ATP，而是转入原始的无氧呼吸。靠着无氧呼吸产生的能量，细胞将维持很长一段时间，并通过细胞分裂把这种不正常的呼吸作用扩散开来。只要细胞出现呼吸作用异常，就不会再复原，一年、十年乃至几十年都很难恢复。存活的细胞不断加强无氧呼吸以补充能量，慢慢地补充。这就像是达尔文学说所讲的"适者生存"，只有最强大、适应能力最强的细胞才可以存活下来。最后，细胞运用无氧呼吸产生出跟有氧呼吸相同的能量。这时，可以说癌细胞已经诞生了。

沃伯格的理论回答了很多费解的问题。大部分癌症都有很长的潜伏期，这是因为呼吸作用最开始被破坏后，要经过无数次细胞分裂，不断强化无氧呼吸作用。不同生物体内无氧呼吸的发展速度不一样：老鼠很快，所以癌症发病也快；人类较慢，所以病变要经过很长的时间（可能长达几十年），才会患病。

在某些情况下，长期接触小剂量的致癌物质反而比一次性暴露在大剂量致癌物前面更加危险。沃伯格的理论就很好地解释了这一现象。一次性暴露在大剂量致癌物前面，细胞被快速杀死，但小剂量的接触则会使部分受损细胞留存下来，并且朝着癌变方向发展。这也解释了为何致癌物没有"安全剂量"一说。

在沃伯格的理论中，还能找到另一种费解的事实的答案：同一种化合物为何既是防癌物质又是致癌物质。人们已经知道，放射线就具有这样的特性，它既能杀死癌细胞，也能诱发癌变。现在临床上治疗癌症的药物同样具备这一特性。为什么呢？因为辐射和治疗癌症的药物都会破坏呼吸作用。癌细胞的呼吸作用本身就是异常状态，再被打击一次就会死亡。而呼吸作用尚未受到损伤的正常细胞，不会被杀死，而是走向癌变。

一九五三年，别的一些研究者对细胞实施长时间、间断性的缺氧处理，使正常细胞发生癌变，从而证实了沃伯格的理论。到了一九六一年，他的理论再次被证实。这次选用了活体动物作为实验对象，而不是人工培养的组织。研究者用放射性物质在患癌老鼠体内做标记，详细检测老鼠的呼吸，发现细胞无氧呼吸的速度较之正常水平高出许多，正好符合沃伯格的预测。

依照沃伯格所定的标准进行检测，会发现大多数杀虫剂都是致癌物。就像上文第十三章讲到的，很多氯代烃、苯酚和某些除草剂都会对细胞内的氧化作用和能量供应产生不利影响，进而出现休眠状态的病变细胞。永久性的恶性病变会潜伏很长时间而不被发现，但是当人们都已经忘记而不会怀疑的时候，休眠的病变细胞又会迅速苏醒过来，变作癌细胞。

还有另外一种引发癌症的可能，就是染色体。在这一研究领域中，很多卓越的研究者质疑一切会破坏染色体、影响细胞分裂或引发突变的物质。他们认为，一切突变都可能引发癌症。虽然经常讨论的都是会对后代造成影响的生殖细胞的突变，但实际上突变也会在人体别处的细胞中出现。依照癌症起源于突变的理论，在受到放射线和人工化合物的影响后，细胞发生突变，脱离机体对它的限制，任意分裂、无序增殖。新分裂出的细胞同样是不受控制的，随着时间的推移，就会发展成癌症。

另外有研究者指出，肿瘤组织里的细胞染色体很容易破裂受损，引起数量异常，甚至会出现多出一套染色体的情况。

最早注意到染色体异常和恶性癌变之间有联系的是纽约市斯隆—凯特琳研究所的两位专家艾伯特·莱文和约翰·J.比赛尔。在恶性病变和染色体异常哪个在前哪个在后这一问题上，两位专家非常果断地说："染色体异常在前，恶性病变在后。"按照他们的猜想，整个过程可能是这样的：染色体被破坏，有不稳定的情况出现，紧接着的很长时间里，错误和病变会在不断涌现的新细胞里扩散，这一阶段也就是恶性病变的长期潜伏的过程。这中间有很多变异情况出现，使细胞不再受机体控制，毫无规律地大肆增殖，最后癌症发作。

欧基维德是早期支持染色体变异理论的学者之一，他指出应关注染色体成倍增加的现象。在多次的实验观察中，研究者注意到，六氯联苯和同族化合物六氯环己烷都会使实验中的植物出现染色体倍增的现象。同时，在很多有据可查的贫血病死亡病例中，都有这些化合物的影子。这不会只是偶然吧？在众多农药中，影响细胞分裂、破坏染色体、引发突变的都有哪些呢？

暴露在放射性或有相似作用的化合物中的人更容易得白血病，这是一种很好理解的现象。最容易受到物理或化学因素诱导引发突变的是分裂活动频繁的细胞，主要是各种组织细胞，特别是造血细胞。在人体中，骨髓每秒钟生产出一百万个红细胞，然后流入血液。这是人体红细胞的主要来源。而白细胞则是在淋巴结和一部分骨髓细胞中产生出来，不按照一定的频率生成，但是总量也非常大。

某些化合物使我们又想起锶-90这一类放射性物质，它们是骨髓病变的罪魁祸首。苯常被用作杀虫剂溶液，它会进入骨髓，并且在那里滞留二十个月之久。多年以前，就有医学资料把苯列为诱发白血病的物质。

儿童体内快速增殖的细胞也是恶性病变细胞滋生的温床。麦克法兰·博内特爵士认为，白血病在全世界范围内的发病率都在快速增长，同时在三到四岁儿童中变得越来越高发，比其他疾病在这一年龄段儿童中的发病率要高很多。博内特爵士解释说："这个年龄段的发病率如此高，说明儿童曾在出生前后受到诱变物质的刺激。"

聚氨酯也是一种致癌物。怀孕的母鼠在接触到聚氨酯以后，会患上肺癌，同时体内的幼鼠也会患病。在实验中幼鼠出世后没有再接触过聚氨酯，这就说明是在母体中通过胎盘接触到的。对此修珀曾发出警告，提醒接触到聚氨酯及同族化合物的人群，要考虑后代婴幼儿患癌的风险。

聚氨酯是氨基甲酸乙酯的一种，其化学组成和除草剂IPC、CIPC接近。虽然癌症专家多次提醒，但是氨基甲酸乙酯还是被应用在很多场合，包括杀虫剂、除草剂及真菌清除剂，还有各种塑化剂、人类药品、服饰及保温材料。

还有一些环境因素是通过间接影响而引发癌症的。一般而言，某些不致癌的物质也会对机体的部分器官造成损伤，进而引起恶性病变。一个典型的例子是性激素失衡引发的癌症，特别是生殖系统的癌症。肝脏损伤有可能导致性激素失衡，破坏正常的激素水平。最有代表性的间接致癌物是氯代烃族化合物，这类物质都会在一定程度上损伤肝脏。

正常水平的性激素会在人体中发挥重要的作用，它能刺激生殖器官完成发育。肝脏对人体内同时存在的雌性激素和雄性激素（男女两性体内都同时存在雄性激素与雌性激素，只是数量有差异）具有平衡作用，形成一种预防机制，使所有激素都保持正常的水平。但是，当肝脏因为疾病或毒药的损伤而出现问题，又或者缺乏 B 族维生素，肝脏的平衡作用就不复存在。这时候，雌性激素快速升高到异常的水平。

雌激素水平过高会有什么影响呢？起码在动物身上的实验已经有了结果。一位来自洛克菲勒医学研究院的专家注意到，患有肝脏疾病的兔子有很大的概率会患上子宫肿瘤，其原因在于，受损的肝脏不能有效控制血液中的雌激素，使得雌激素"迅速升高到致癌的水平"。研究人员在小鼠、大鼠、豚鼠和猴子身上进行了很多实验，结果证明，当雌激素的作用长时间占据主导地位（不一定非得很高的水平才会导致这样的状况），生殖器官会发生组织变异，引起"良性的增生或者恶性的病变"。仓鼠发生肾脏肿瘤就是因为雌激素水平过高。

在这一问题上，医学界的观点尚未统一，但是大量证据证明人体也会发生同类的病变。加拿大麦克吉尔大学维多利亚皇家医院的专家们发现，在他们研究的一百五十例子宫癌症中，三分之二存在雌性激素过高的问题。后期研究的二十个临床病例中，九成存在雌激素升高这样的问题。

这种问题的根源极可能是肝脏损伤引起的雌性激素水平异常。但是现在还没有可靠的技术手段来检测出这种损伤。已经知道的是，氯代烃族化合物很容易损害肝脏，极微小的剂量就会引发肝细胞变异，还会加快 B 族维生素的流失。这是很重要的，因为别的研究已经证实 B 族维生素对预防癌症很有益处。已故的 C.P. 洛兹曾是斯隆—凯特琳癌症研究所的所长，他发现在实验中，暴露在强致癌物中的动物，如果给它们喂食富含天然 B 族维生素的酵母，就能避免患上癌症。反之则会患上口腔癌和消化道系统的癌症。在美国之外，瑞典和芬兰北部的居民由于饮食中无法提供足够的 B 族维生素，也面临这些问题的困扰。先天性癌症高发族群（比如非洲的班图部族）常常存在缺乏某种营养素的问题。非洲某些地区的男性普遍患上乳腺癌，根源也是肝脏疾病和营养问题。第二次世界大战期间，希腊发生粮食短缺，后果之一便是当地男性出现乳房异常肿大的病症。

概括来说，杀虫剂会损伤肝脏，加速 B 族维生素的流失，由此引起体内分泌的雌激素升高。这些现象已经有充足的实验来证明，所以能够做出论断，即杀虫剂会间接地引发癌症。当然，人们在生活中还会接触到越来越多的洗化品、药品、食品和工作环境中的各种人工合成雌性激素。体内分泌的雌激素和外界的人工雌激素都会危害人体健康，对此人们应该重视起来。

包括杀虫剂在内，人类接触到的致癌化合物往往是无法规避的，并且种类和数量都非常多。同一种物质有很多种不同的渠道来接近人类。比如砷。砷在人们的生活环境中以多种形式存在着，包括空气污染物、水中的残留、食品中的农药残留、药品、洗化用品、木材防腐剂，还有油漆和墨汁中的固色剂等。单独接触其中的某一种和单独某一次接触或许并不会引起癌变，但是随着"安全剂量"内接触的次数和种类不断增加，人体机能被严重破坏，引发严重的问题。

另外，两种及以上的致癌物存在叠加效应，或许会带来更大的危害。举个例子，曾暴露在 DDT 中的个体，很可能也接触了别的烃类化合物，而这些普遍存在于溶剂、溶漆剂、脱脂剂、干洗剂和麻醉剂中的化合物，会损伤肝脏。在这样的情况下，原先制定的 DDT 的"安全剂量"还能保证安全吗？

还有，化合物之间可能会发生反应，改变化学特性，因而情况会更加复杂。有时，癌症是由两种化合物间的相互作用诱发的，第一种会减弱细胞和组织的抵抗力，进而使另一种物质的致癌性得以起作用。所以，就皮肤癌的发病过程而言，除草剂 IPC 和 CIPC 起到的便是第一种作用，即破坏皮肤的抵抗力，增加癌变的可能性，真正诱发恶性病变的是其他物质，可能就是普通的洗涤剂。

物理因素和化学因素也会叠加起效。白血病的发病过程或许是这样的两个阶段：X 射线导致恶性病变，接着有致癌物（聚氨酯就是其中一种）

参与到病变的过程中。人类生活中接触到的放射线越来越多，也越来越离不开各种化合物，这就给现代人带来严重的健康威胁。

放射性物质会污染水源，带来另一个问题。它们的电离辐射效应，会使水中化合物发生反应，生成新的物质。

洗涤剂对公共水源造成的污染很难处理，并且这种问题各地都有，所以美国各地的水污染处理专家都伤透了脑筋。现在，还没有可靠的解决水污染的办法。洗涤剂不会直接致癌，但是会改变消化道内壁细胞的特性，使有害物质更容易被吸收，从而增大发生癌变的概率。可是，有谁能预见和阻止这一改变呢？情况错综多变，保证致癌物"零剂量"才是有意义的，不存在"安全剂量"。

人们总是对环境中致癌物质的危害视而不见。近期发生的一件事足以证明这一点。一九六一年春，在许多联邦、州和某些个人的好多处虹鳟鱼繁殖基地里，鱼群集中爆发了肝癌。受到影响的范围包括美国东西部的很多个地区。在有的地方，超过三年的虹鳟鱼全部患癌，无一幸免。联邦癌症研究中心和全美鱼类及野生生物保护部门联合行动，报告各地鱼类患癌情况，警示人类可能因水污染而患癌！

虽然很多研究项目已在进行当中，但是尚未弄清楚大规模爆发肝癌的确切原因。不过已经有可靠的证据证明，问题与繁殖基地的饵料中的某种化合物有关。在这些饵料中，有大量添加剂和药剂。

这次的虹鳟鱼突发肝癌事件有很多方面的意义。最重要的是证明了强致癌物在生物群落中会造成严重的后果。修珀博士指出，虹鳟鱼突发肝癌这件事可以看作对全人类的一个重大警示，由此开始重视对环境中致癌物质种类和数量的控制。他说："假如不尽快开展治理行动，那么相同的灾祸很快就会降临到人类头上了。"

曾有一位研究者指出，今天的人们就像是生活在"致癌物的海洋"。这样的现实不免令人失望，并且会产生自暴自弃的心态。常有人这样说："真的改变不了了吗？真的无法扫除世界上的致癌物吗？""不要再浪费时间寻找原因了，赶紧把全部精力投入到研究癌症治疗上吧！"

修珀博士回应了这些说法。他是癌症研究领域的权威，在长期的研究工作中取得了丰硕的成果，他总结毕生的经验做出了论断。修珀博士指出，癌症在今天给人类造成的危害，与十九世纪末传染病肆虐时的情形非常相近。在当年，巴斯德和科赫清楚地解释了传染病和致病微生物之间的因果关系。医务工作者和普通人都慢慢了解到，自身生存的环境中有大量致病微生物，就像今天环境中充满致癌物一样。现今大部分传染疾病都能被有效防治，有一些甚至已经被完全消灭。人类能够取得如此伟大的医学成就，有两方面的原因：一方面严密地预防，一方面有效地治疗。社会上流行的说法是几种"仙药"消灭了那些疫病，但实际上是消灭致病微生物帮助人类战胜了瘟疫。历史上最好的一个例证便是百余年前发生在伦敦的大霍乱。约翰·斯诺是伦敦的一名内科医师，他通过绘制霍乱疫情分布地图，发现疫情集中分布在一处地区，那里的居民生活用水主要是靠布劳德街上的一口抽水井。斯诺立即找人拆掉了水井的阀门，使其无法被使用。就这样，疫情得到了有效控制。虽然并没有找到灵药来杀灭霍乱病菌（当时这种病菌尚不为人知），但是通过阻断人类与致病微生物的接触，实现了对疫情的控制。治疗已经染病的患者当然重要，更关键的是剪除传染源。现在，有效的预防措施使得一般人几乎不会暴露在结核杆菌前面，因此肺结核病已经很少见了。

现在，致癌物质遍布世界上各个地方。修珀博士认为，把希望寄托在治愈癌症（假如可以找到治疗癌症的有效措施）上肯定是不可取的。没有引起重视的天量致癌物会一直危害人类的健康，人类寻找治疗办法的步子一直都跟不上危害加重的速度，起码眼下还没有找到治愈癌症的医疗手段。

人类为何不把预防癌症当作一种常识呢？修珀博士的观点是，很可能是因为"相比较预防而言，治好癌症是一件更让人激动、更直接、更刺激、收益更大的事情"。但是，预防癌症无疑是"更人性化"的办法。修珀博士非常反对"每天吃早饭之前服用一粒灵药"就能治疗癌症的言论。但是大众缺乏对癌症的正确认识，所以他们是很认可那种言论的。他们眼中的癌症是一种疑难杂症，但也存在一种药到病除的治疗手段。事实远非如此。环境因素引发的癌症病因是非常复杂的，往往包括多种物理、化学因素，而且症状表现也是千差万别的。

就算在将来的某一天，人类翘首以盼的医学"突破"到来，也不会存在一种能够治愈所有癌症的特效药。为了缓解和根除患者的痛苦，新的治疗手段一直处于探索当中，但是这样"头痛医头，脚痛医脚"的方法，终归不是良策，沉迷于此只会给人类带来更大的害处。癌症问题需要一步一个脚印地去解决。可是，人们把千百万的经费投入于医疗研究，把全部希望押宝在大型治疗项目上，却错失了预防癌症的黄金时机。

癌症并不是不可战胜的。从非常重要的一点来看，相比较于十九世纪末二十世纪初的瘟疫，癌症似乎更容易对抗。当时，致病微生物在世界范围内蔓延，跟今天四处横行的致癌物情况相似。不同的是，致病菌不是人类主动引入环境的，也不是人类主动传播开来的，但致癌物质却是人类制造出来的。所以，人类完全有能力减少甚至清除环境中的致癌物。人造致癌物对世界造成如此大的影响，有两方面的原因：其一是人类为了创造更舒适幸福的生活（这真是莫大的讽刺）；其二是这些人造物质的生产和贩售，已经成为人类社会的经济活动和日常生活的重要组成。

不管是现在还是将来，让所有致癌化合物全部消失显然是不现实的。不过绝大多数致癌物都不是人类生活所必需的。从这些非必需品中入手就能显著减少致癌物，人群中四分之一的患癌概率就会大大减少。人类最迫切的任务是避免他们的食物、水源和空气被致癌物质污染。这些物质带来的危害是非常严重的：剂量虽小，但却会年复一年地被累积摄入。

不少研究癌症问题的权威人士赞同修珀博士的看法，他们也主张全力找出环境中的致癌物，并且予以清除，削弱其危害，由此降低患癌风险。当然，也不能放弃对已有患者或潜在患者的治疗。但是，为了保护那些尚未患癌的人群以及人类的子孙后代，必须快速行动起来采取防治措施。

第十五章　大自然的反抗

　　人类为了把自然改造成自己想要的样子，付出了这样大的代价，最后却是一地鸡毛，这真是极大的讽刺。但这就是我们现在所处的境地。有这样一个人尽皆知却人人视而不见的事实：改造大自然并不容易，昆虫总能想尽办法逃脱掉人类的攻击。

　　荷兰籍生物学家 C.J. 布雷约说过："昆虫的世界是大自然中最值得赞叹的神奇景观。这里发生的事情千奇百怪，远超人类想象力的边界。详细地察看过昆虫世界秘密的人，往往会感慨于自己的所见。他明白发生任何事情都不值得惊讶，即使是看上去完全不可能的事情也会发生。"

　　现在，"不可能事件"正在两个领域发生着。其中一个是昆虫对农药的抗药性随着遗传选择不断增强。这个问题放在后面一章再作论述。现在先把注意力放在一个更重要的问题上：农药已经危害到环境自身保持平衡的机制（各种生物之间相互制约）。当自然环境的平衡机制被破坏，就会发生昆虫肆虐的事情。

　　报告不断从世界各地涌来，显示出形势的严峻。昆虫学专家们意识到，十多年的农药治理并没有解决掉原本计划解决的问题，而且还有新问题出现，原本数量较少、不成气候的昆虫一夜之间就泛滥成灾。可见，人类在规划和实施农药治理计划时，缺乏对害虫所处的自然环境的整体考量，最后不得不为自己的轻率付出代价。通常，农药在投入使用前会在少量生物身上进行试验，但终究不是在真实的自然环境中，带来的后果肯定有很大悬殊。

现在有一种很受欢迎的观点，主张自然平衡是远古世界的属性，完全不符合现代文明，所以大可不必将其当一回事儿。这无疑是一种可怕的想法。现在自然环境的平衡状态固然跟更新世[1]不同，但不代表平衡状态不存在。必须重视生物之间繁复、精细、高度统一的关系，不然就是站立于悬崖边上而忘记重力的存在，必将遭受严重的后果。自然平衡是一种动态平衡，不断地运动、改变和调节。人类也处在这一平衡体系当中。有时，人类从自然平衡中获利；有时，自然平衡受到人类的影响而启动调节机制，这时就会给人类造成不利影响。

有两个很关键的事实是人类在制订昆虫治理规划时没有考虑到的。第一个是，大自然对昆虫的控制能力不是人力所能比的。生物种群的规模会受到环境的制约，这种外部力量被生态学家称为环境阻力，而这种力量在生命诞生时就出现了。可供摄取的食物总数、气候条件、捕食关系等，都是环境阻力的重要来源。昆虫学者罗伯特·美特卡夫曾说："昆虫内部的相互攻击，是唯一的可以阻止它们肆虐世界的因素。"但是，现今昆虫治理领域的大多数杀虫剂却是无差别地杀死所有昆虫。

第二个关键的事实是，在环境阻力大幅衰减的情况下，某些生物就会爆发式地繁殖。不少生物的繁殖能力令人惊讶，尽管它们也曾偶露峥嵘。我想起上学时做的一个实验，在一个罐子里装上水和干草，再滴入几滴原生生物培养液，等待几天后就会看到神奇的事情发生：罐子里边满是四处游动的微小生命——无数尘埃般大小的草履虫在温暖、食物充足、缺少天敌的天堂般的环境中大肆增殖。这让我想起在海边岩石上密集生长的大

---

[1] 更新世：亦称洪积世。距今约两百六十万年到约一万年。一八三九年由英国地质学家莱伊尔创用，一八四六年福布斯又把更新世称为冰川世，属于地质时代第四纪的早期。

片浅灰色的藤壶，还想起大群水母在水中游动的场景。它们就像是不停颤动的幽灵一样的物体，随海水流动，绵延几英里。

我们还可以在鳕鱼身上看到这一神奇的自然控制力量。每年一到冬季，鳕鱼便从海洋游回到内河的产卵地。一条雌性鳕鱼可以产下几百万颗鱼卵。假如这些鱼卵都能长出成鱼，那鳕鱼将占领整个海洋，这样的事情当然没有发生。在环境阻力发挥作用的前提下，每对鳕鱼产下的几百万鱼卵中，长成成鱼的数量与上一代鳕鱼大致相同。

生物学家们时常会做出这样的推想：假如发生天灾，破坏了自然控制机制，使得某种生物的全部后代都得以存活，那么会发生什么样的事情呢？一百多年前，托马斯·赫胥黎曾计算出一只雌性蚜虫（繁殖方式为孤雌生殖，即不用交配就可繁殖后代）在一年中繁殖的后代，"如果都能长成，那么将比中华帝国的所有人口加起来还要重"。[1]

值得庆幸的是，这样的极端情形只存在于理论设想之中。但是，动物种群研究领域的专业人士们都明白，打破自然环境平衡机制是非常可怕的事情，后果非常严重。草原上的牧民大肆剿杀狼群，使得田鼠失去天敌，最终泛滥成灾。还有另一个典型的事例也是大家熟知的，事件的主角是亚利桑那州的凯巴布高原黑尾鹿。曾经这群黑尾鹿的数量保持在一个顺应环境的数目。鹿群的数量在狼、美洲狮、郊狼等捕食动物的控制下，不会超出环境的承载极限，能够获得足够的植物性食物。但是后来，狼和美洲狮等捕食动物遭到人类的猎杀，理由是要保护黑尾鹿。失去捕食动物的威胁后，鹿的数量急速增长，没过多久就面临食物缺乏的情况。黑尾鹿把能够到的树叶啃得一干二净。不久，黑尾鹿开始大批死亡，远远多于被捕食的数量。并且，黑尾鹿到处寻找食物的疯狂举动也严重破坏了当

---

[1] 在赫胥黎一八五八年发表的论文《论蚜虫的无性生殖和生态学特性》中，有一个著名的推断：假定一只蚜虫重量为千分之一格令，在蚜虫后代正常存活的前提下，一只雌性蚜虫一年繁殖出的后代相当于五亿人口的总重量。据有关统计，一八五〇年，也就是清朝道光三十年，全国总人口为四亿三千万，所以赫胥黎做出这一类比。

地的自然环境。[1]

田地和森林中的捕食性昆虫扮演着类似凯巴布高原狼的角色。灭除了这些昆虫，就会使得它们所捕食的昆虫失去天敌而爆炸式繁殖。

谁也说不清楚世界上的昆虫总共有多少种，尚未被确定种类的昆虫太多了。现在已经确定了七十多万种昆虫。从种类上来看，地球生物的百分之七八十都是昆虫。这些昆虫的绝大多数都由自然力量所控制，而不是人类掌控的。如果没有这些自然力量，恐怕人类所能创造的杀虫剂和防治措施都不足以抵御昆虫的扩张。

但是人类总是要等到失去自然的保护之后，才能认识到自然天敌的存在价值。大部分人不会留心观察身边的自然环境，也看不到大自然的美丽与神奇，忽略掉生活在人类四周的各种奇特的昆虫。所以，能够讲清楚捕食昆虫和寄生昆虫活动特征的人是非常少见的。也许我们曾见到过花园灌木中外形怪异、长相吓人的昆虫，曾听说过螳螂捕食其他昆虫的事情。但是只有亲自在夜晚中照着手电筒来到花园，观察螳螂小心翼翼地接近猎物，才会有更深刻的认识，才会知道捕食者和被捕食者之间的关系，才可以体会到大自然冷酷的控制作用。

靠捕食其他昆虫为生的昆虫有很多种。其中一些动作敏捷，会像燕子那样在天空中寻觅食物；另外一些则是在树干上缓慢爬行，在爬行过程中吃掉一些不能移动的小虫子，比如蚜虫。黄蜂捕捉软体昆虫，从其中抽取汁液喂养幼蜂。泥蜂用泥在房檐下筑成柱状的巢作为繁育后代的场所，并且在里边储存足够幼蜂食用的昆虫。沙黄蜂在牲畜四周活动，捕食骚扰牲畜的牛虻。食蚜蝇常被误认作蜜蜂，它会发出嗡嗡的声音，把卵产在长有蚜虫的植物上，等幼虫孵化出来以后就会吃掉大量的蚜虫。瓢虫会大量捕食蚜虫、蚧壳虫和别的一些食用植物的昆虫。一只瓢虫要完成一次产卵，就需要吃掉几百只蚜虫来获取充足的能量。

---

[1] 一九〇五年以前，当地有大约四千头黑尾鹿。后来人们开始猎杀美洲狮、狼等大型食肉动物。到一九二五年，黑尾鹿迅速增长到十万头，当地的植被不足以供应充裕的食物，于是大量黑尾鹿被饿死，最后减少到大约一万头。

寄生性昆虫有着更为奇特的习性。它们不直接杀死宿主，而是想尽办法把自己的幼虫寄生在宿主身上。一些寄生性昆虫采取的办法是在宿主幼虫或虫卵上产下自己的卵，利用宿主的营养来完成幼虫的生长和发育。还有的寄生性昆虫分泌黏液把自己的卵粘在软体昆虫身上，等幼虫孵出以后，它们会钻入宿主体内寄居。另外还有一些寄生性昆虫则靠着精确的预判把卵产在树叶上，等软体昆虫食用树叶时连带着吃下虫卵。

捕食性昆虫和寄生性昆虫遍布田野、篱笆、花园和森林。蜻蜓飞过池塘，翅膀在阳光的映照下闪烁出一团团火光。在体型庞大的爬行动物占据主流的时代，蜻蜓的远祖也是这样飞过沼泽上空。它们眼光锐利，仍保留有和远祖相同的捕猎方式，用几条细腿形成一个网兜来捕捉空中的蚊子。它们的幼虫（或者说"若虫"）则是在水中捕食孑孓和其他昆虫。

草蜻蛉（líng）趴在叶子上，不容易被看到，长着绿纱似的翅膀和金色的眼，生性谨慎，喜欢隐藏，它的远祖是生活在遥远二叠纪的古老生物。草蜻蛉的成虫靠植物花蜜和蚜虫汁液为生。它的卵长有一条很长的丝柄，连接在叶子上。卵孵出的幼虫被称作蚜狮，形状奇怪而长有很长的毛刺，并且一出生就会捕食蚜虫、蚧壳虫和螨虫，吸光它们的汁液。一只蚜狮在吃掉上百只蚜虫以后，就会从尾部长出白丝作茧化蛹。

除此之外还有不少黄蜂和蝇虫，也依靠寄生手段从其他昆虫的卵和幼虫中摄取营养。某些寄生在卵中的黄蜂个头虽小，但是数量巨大、活动范围广，可以很好地遏制不少农业害虫的繁殖扩张。

所有这类微小的生物时时刻刻都在工作着，无论晴天还是雨天、白天还是夜晚，就算到了酷寒的冬季，只剩下微弱的生命火焰来支撑着也要继续工作。这股弱小的生命力量暗暗隐伏着，等到春天万物复苏，就会重新焕发活力。在漫长的冬季，厚重的积雪之下，冰封的大地之下，树皮缝隙和隐藏的洞中，寄生性昆虫和捕食性昆虫都能找到过冬的地方。

夏天快要结束前，雌性螳螂行将死亡之际，会在卵外面包裹上一层匣子一样的东西，然后安稳地粘在树枝上。

雌性胡蜂选择隐蔽的旧阁楼的角落栖息，此时它体内装有数量庞大的受精卵，这些卵关系到整个种群的未来。这个独身的雌性胡蜂会在春天搭筑一个小小的纸巢，然后在每个巢室中都产下几颗卵，培育出一群小工蜂。有了它们的帮助，雌黄蜂便能扩建蜂巢、壮大族群。在炎热的夏天，这群工蜂勤快地觅食，捕食大量的小型软体昆虫。

这些昆虫的捕食习性恰好对人类有利，因而被人类视作益虫，维持着有利于人类的环境状态。但是人类却朝着这些友军开火。最让人担忧的是，我们严重轻视了这些昆虫在遏制害虫上所做出的贡献。如果不是它们在消灭害虫，人类社会早就被害虫侵占了。

杀虫剂的数量、类型和杀伤力连年增强，造成环境阻力大范围的、不可逆的减弱。随着时间的推进，将会出现更严重的虫灾，由此引发瘟疫横行、农作物减产等可怕的后果。

或许有人会反驳："嗨，这都只是理论假设罢了，一定不会真的发生的，起码我这辈子是不可能看到的。"

但是，确实发生了这样的事情，而且就是在现在。据有关科学期刊统计，到一九五〇年，五十多种昆虫的数量出现异常。并且每年都有新的昆虫种类加入这个统计行列。近日，有一篇关于这个问题的研究综述得以发表，文章参考了二百一十五条文献资料，主题都是关于杀虫剂对昆虫数量平衡的负面影响。

有些情况下，喷施农药反而会起到负面作用，使得被灭杀的昆虫数量不减反增，造成更严重的虫害。在安大略省，为了消灭黑蝇而施用了农药，但是喷药后黑蝇数量增长到喷药前的十七倍。在英国，对卷心菜喷施了一种有机磷杀虫剂，紧接着就发生了前所未有的蚜虫灾难。

但是在另外一些情况中，目标害虫被农药有效地控制住了，可是就像开启了潘多拉的魔盒，原先不成气候的某种昆虫开始成为新的灾害。例如，DDT 等杀虫剂会杀死捕食叶螨的昆虫，于是叶螨开始成为世界范围内的麻烦。叶螨不属于昆虫纲，它在生物学上的分类是蛛形纲蜱螨目叶螨科，是一种很微小的八足生物，和蜘蛛、蝎子、蜱虫的种属接近。叶螨有尖利的口器，善于穿刺和吮吸，主要摄食制造绿色的叶绿素。它们用细小、锐利的口器扎入绿叶或常绿的针叶吸取叶绿素。叶螨轻微的侵害就会使树木或灌木的叶子长出白斑，严重的话叶子会发黄、凋零。

这样的事情几年前在美国西部的林区就发生过。一九五六年，为了治理云杉食心虫，全美林业管理部门对大约八十八万五千英亩的森林喷施了DDT。次年夏天，出现了一个比云杉食心虫更大的问题。从空中巡视林区时注意到，成片的树木枯死，高耸的道格拉斯冷杉树（又名花旗松）的针叶发黄、变成褐色，甚至掉落。从海伦娜国家森林保护区到大贝尔特山西面，再到蒙大拿州别的区域，一直到爱荷华州，这些地区的森林都像是经历了火灾。很明显，一九五七年夏天发生了史无前例的、最严重的一次叶螨虫灾。而在没有喷药的区域就看不到明显的问题。林业官员回想起以前发生的几次叶螨虫灾，一九二九年黄石公园的麦迪逊河流域，一九四九年科罗拉多州，一九五六年新墨西哥州，都发生过相似的虫灾，只是没有这一次严重。每一次的叶螨虫灾都是紧随在喷药行动之后发生。（一九二九年DDT尚未面世，那时采用的是砷酸铅。）

为何杀虫剂对叶螨起不到灭杀效果，并且会适得其反造成叶螨的泛滥呢？第一个原因是叶螨对杀虫剂有抗药性，这是一个很显然的事实，但还有另外两个原因。自然环境中叶螨的数量要受到各种捕食者的制约，比如瓢虫、瘿（yǐng）蚊、捕食螨和别的很多捕食性昆虫，它们都对杀虫剂非常敏感。因此施用杀虫剂会使叶螨的天敌大量死亡。第三个原因要从叶螨种群的内部特性上寻找。在不受到外界侵扰的情况下，叶螨种群往往集中生活于同一个保护屏障内，以避免受到外界的侵害。而喷施杀虫剂尽管不能杀死叶螨，但会对其造成惊扰，使整个叶螨种群迁移到新的安全的地方。新居所通常空间更大、食物更多。接下来，在缺少天敌（都被杀虫剂杀灭了）的情况下，叶螨不再费力去营造安全屏障，就有更多的精力去繁殖后代，它们的产卵量很容易就增加了三倍。

在弗吉尼亚州有名的苹果产地谢南多厄山谷，农药从砷酸铅被替换成了DDT，于是红带卷叶虫开始为祸果园。过去，这种小型昆虫从来不曾造成过大问题，但是现在却使半数的果树受到损伤，成为苹果种植的头号威胁。而随着喷洒 DDT 的规模越来越大，从谢南多厄山谷到东部和中西部的很多地区都开始出现类似的问题。

有一个非常具有讽刺意味的事例。在二十世纪四十年代末，在加拿大东南的新斯科舍的苹果林中，有计划地实施了杀虫剂喷洒的果树被卷叶蛾严重危害（造成虫蛀苹果）；反而是未喷药的果树上没有成灾的卷叶蛾出现。

在苏丹东部也曾上演过这样的喷施农药却带来负面效果的事情，棉花种植者吞下了自己喷洒的 DDT 所带来的苦果。加什河三角洲地区水利设施齐全，有六万英亩棉田。最早只是小范围地试用了 DDT，结果取得了不错的效果，于是开始大面积推广。问题来了。喷药面积越来越大，而棉田害虫棉铃虫的数量也越来越多。反而是在没有喷药的棉田里，棉铃、棉桃的情况要更好一些，在不止一次实施喷药的棉田里，棉籽产量锐减。虽然 DDT 也灭杀了一部分啃噬棉花叶子的害虫，但是带来的收益远不及棉铃虫造成的损失。于是，棉花种植者不得不接受这样一个悲惨的事实：耗费金钱和精力对棉田实施喷药，结果造成了棉花减产。

在比属刚果[1] 和乌干达，为了治理咖啡树上的害虫而大规模喷施 DDT，从而引起了一场"灾难"。DDT 对这种害虫几乎没有灭杀效果，反而能够很显著地杀死它的天敌。

在美国，施用农药打乱了昆虫种群的动态，因此农民们不得不承受日益严重的害虫侵扰。近期的两次大范围喷药行动便带来了这样的糟糕后果。一次是在南部对火蚁的治理，还有一次是在中西部喷药灭杀日本甲虫。（详情请见本书第十章和第七章。）

一九五七年，在路易斯安那州，大量七氯被喷洒到田地里，造成甘蔗螟（míng）虫（对甘蔗损害极大）泛滥。喷药后没过多长时间，甘蔗螟虫就造成了很大的损失。用来对付火蚁的农药同时消灭了捕食甘蔗螟虫的

---

[1] 比属刚果：现为刚果民主共和国，曾是比利时的殖民地，故称比属刚果，一九六〇年独立。

生物。甘蔗大面积减产，种植户把州政府告上了法庭，起诉他们在管控农药危害方面的不作为。

伊利诺伊州的农民也付出了很大的代价。该州东部地区的田地里投施了有很强毒性的狄氏剂，为的是治理日本甲虫，但是投放过农药以后，玉米钻心虫的数量却在短时间内暴增。调查发现，当地具备破坏力的玉米钻心幼虫数量两倍于没有施药的区域。农民们可能不懂这一现象背后的生物学原理，但是他们不需要专家们的提醒，就知道自己吃了亏：为了治理一种昆虫，反而招来一场更严重的虫灾。按照农业部的计算结果，日本甲虫一年造成大约一千万美元的损失，但是玉米钻心虫带来的损失高达约八千五百万美元。

需要注意的是，自然防治曾是玉米钻心虫的主流治理手段。一九一七年，玉米钻心虫在偶然中从欧洲进入了美国。过了两年，美国政府开始大量引入玉米钻心虫的天敌。后来，陆续有二十四种玉米钻心虫的寄生虫被从欧洲和东方引入美国，这项活动耗费颇巨。取得显著治理效果的是其中的五种。可是现在的情况已经不需要再多费唇舌了，玉米钻心虫的天敌都被农药杀死了，过去的努力和成绩都失去了意义。

要是这些还不能说明问题，那就请再听一听发生在加州柑橘林中的事情。十九世纪八十年代，全世界最有名、最成功的生物治理试验就发生在那里。一八七二年，一种吸吮柑橘树汁液的蚧壳虫开始出现在加州，经过十五年的发展成为一股不容小觑的破坏力量，给很多果园带来沉重损失。方兴未艾的柑橘产业遭受了沉重打击。很多农户砍倒果树，不再种植。随后，澳洲瓢虫被从澳大利亚引入到这里，而它是一种寄生在蚧壳虫上的昆虫。仅仅两年之后，加州柑橘园的蚧壳虫问题就得到了有效的解决。后来，想在柑橘园中找到一只蚧壳虫变成一件难事，连着搜寻几天都不会有所发现。

时间到了二十世纪四十年代，种植者开始试用新出现的人工合成有机农药。澳洲瓢虫被 DDT 及后来的更毒的农药彻底灭除。当年引入这种昆虫只花费了政府五千美元，但是每年为柑橘产业挽回的损失达几百万美元之巨。可是在不经意之间，这一重大利好就不复存在了。蚧壳虫重新肆虐果园，引发了一场五十年不遇的虫灾。

加利福尼亚大学河滨分校柑橘研究所的保罗·德巴赫博士认为："这或许就是一个时代结束的标志。"蚧壳虫问题现在变得非常复杂。澳洲瓢虫还得继续投放，并且要加大投放力度，同时还要留意喷药的时机，尽可能避免对澳洲瓢虫造成伤害。但是，种植者再谨慎，也不可能杜绝周围的喷药活动造成的连带污染。事实上，飘散到空中的杀虫剂确实已经制造过很大的麻烦。

以上讨论的只是农业害虫。还有不少害虫会传播疾病、危害公共生命安全，关于它们的治理情况又怎样呢？现在已经暴露出一些问题。比如在第二次世界大战中，曾对南太平洋上的尼桑岛喷洒了大量杀虫药剂，战争结束后就终止了这项行动。大量带有疟原虫的蚊子再次侵入岛上。而这时蚊子在岛上已经没有了天敌，于是蚊子开始爆炸式增长。马歇尔·莱尔德报道了这一情况，并且把喷洒杀虫剂比作在跑步机上跑步，开始了就不好停下来，因为害怕摔跟头。

世界范围内很多区域的情况表明，喷洒农药对疾病的产生有着不可忽视的推动作用。因为某些原因，蜗螺类软体动物几乎不会被杀虫剂毒害。这一点已经被很多观察所证实。前文第九章记述的佛罗里达州东部盐沼地区的那场农药风波中，水中的螺类幸免于难。当时的场景非常可怕，就像是人类所创作的隐秘、荒诞、恐怖的超现实主义美术作品。水中，那些螺类游走在死鱼和濒死的招潮蟹之间，吞食着那些被毒死的生物。

然而，这一情况有什么值得注意的呢？要知道，很多可怕的寄生虫把水中的螺类当作宿主，它们在软体动物身上寄生一段时间，另外的时间则要在人类身上度过。比如血吸虫就是这样。饮水和用水清洁皮肤都会给血吸虫以可乘之机，使其进入人体、引起疾病。血吸虫是通过寄生在螺类身上而进入水体的。血吸虫病在亚洲和非洲的一些地区发病率较高。在有血吸虫分布的地方，人类实施的昆虫治理行动通常会造成螺类的大量增长，从而引起更严重的问题。

螺类寄生虫造成的疾病问题不只是针对人类。牛、绵羊、山羊、鹿、麋鹿、兔及各种恒温动物都存在被肝吸虫感染从而诱发肝病的风险。淡水螺上会寄生肝吸虫。带有肝吸虫的动物的肝脏不可被人类食用，因此不准出售。这项规定使得全国的畜牧业生产者每年承受三百五十万美元的经济损失。无论如何，引起螺类数量增加都是一件坏事，会使情况更糟。

最近十年，此类问题已经充分显现出来，只是人们后知后觉。化学制剂备受重视，相比而言，更适宜、更有效的生物防治却无人关心。一九六〇年的一份行业统计报告称，全美仅剩2%的昆虫学者仍坚持研究生物防治，其他98%则大多从事杀虫剂开发。

造成这种情况的深层次原因是什么？应该从物质基础上来看：大型化工企业投入巨资，支持大学研究开发新型杀虫剂，并向学生提供丰厚的奖学金和优渥的工作待遇。但是生物治理就没有这样的物质条件支持。原因也是很明显的，投资生物治理的经济回报根本不能和化学工业的巨大利润相提并论。从事生物治理研究的学者只能在各州和联邦的有关机构里就职，领取微薄的薪水。

这种情况也解释了一个不怎么隐秘的事实，即很多昆虫学研究权威都极力主张采用农药治理手段。随便查看一下他们的简历就会发现，他们的研究项目都是由化工企业资助的。他们在学界的声望，甚至他们的研究工作，都依赖于化学工业的蓬勃发展。又怎能期待他们主动打烂自己的饭碗呢？于是，在知道这些专家的立场之后，我们还可以相信他们的"农药无害论"吗？

在一片高呼施用杀虫剂治理昆虫的声浪中，还能听到微弱的少数派昆虫学者的声音。他们坚守昆虫学者的专业职责，而不是把自己当作化学家或者工程师。

英国的F.H.雅各布曾说："不少被称作经济昆虫学者的人的言行给大众造成一种错觉，即细小的农药喷头是拯救世界的唯一办法……一旦害虫重新肆虐，或者对现在的农药产生抗药性，或者哺乳动物被误伤，都需要由化学家制造新药来解决。这样的观点是不成立的……最后还是得由生物学家从根本上解决虫害问题。"

新斯科舍省的·A.D.皮科特博士在文章中说："经济昆虫学者必须清楚，他的研究对象是有生命的生物……他们不应该只关注杀虫剂的杀伤力，更不能一直追求更强大的杀伤力。"皮科特博士开创性地提出了理性治理昆虫的主张，提倡充分利用天敌和寄生昆虫。他和同事开创了很多新的治理手段，其价值罕有匹敌，或许只有加州的几位昆虫专家所提出的联合治理项目可以与之相提并论。

大概是在三十五年前，皮科特博士便开始了他在新斯科舍省安纳波利斯的苹果园研究项目。这里过去是加拿大的水果集散地，多种水果都在这里集中。最初，人们对杀虫剂（当时主要有效成分是无机化合物）能够解决虫害问题深信不疑，唯一要做的事情是按照使用说明来喷洒农药。但是，消灭害虫的希望落空了。虫害仍旧存在。更有效的杀虫剂、更先进的喷施工具、更激进的喷药动力，都没能解决昆虫问题。后来，DDT出现了，它被称作苹果卷叶蛾的"终结者"，然而带来的却是一场空前的螨虫灾祸。对此，皮科特博士评价道："我们只是从一场危难走入另一场危难，用一个问题替换了另一个问题。"

这时，皮科特博士和同事有了新的思路，决定放弃同行们都在走的研发更强杀虫剂的路子。他们注意到，解决问题的力量可以去自然界中寻找，于是创造了一种最大化自然力量、最小化杀虫剂使用的手段，在不得不施用杀虫剂的情况中，也会把剂量控制到刚好能控制害虫而不伤害其他生物的剂量。同时，还要选择合适的用药时间。施用硫酸烟碱要在苹果花变红之前，这样就不会杀死一种很关键的捕食性昆虫，因为此时它们还没被孵化出来。

皮科特博士非常慎重地选择农药，尽量不伤害捕食性或寄生性的昆虫。他说："假如按照过去使用无机杀虫剂的做法，把DDT、对硫磷、氯丹等新型广谱杀虫剂当作常规治理技术，那么专注于生物治理的昆虫学者就要彻底绝望了。"他摒弃那些广谱杀虫剂，选择使用鱼尼丁（从热带植物的根茎中提取）、硫酸烟碱和砷酸铅。有特殊需要时，也会使用极低浓度的 DDT 或马拉硫磷。现在常用的浓度是每加仑溶液中一两磅药物，而他选用的只有每加仑一两盎司。尽管 DDT 和马拉硫磷在现在的杀虫剂中已经是毒性最小的了，皮科特博士依然在深入研究，寻找危害性更小、针对面更窄的化合物来替代它们。

那么，皮科特博士取得了怎样的成果呢？按照他的指导进行喷药，新斯科舍省的种植户收获的一等品苹果，丝毫不比选择大量喷药的种植户少。同时整体收成也很可观。但是，他们的成本更低，在杀虫剂的花费上只有其他种植者的 10%—20%。

其实这些都不是最重要的，不会破坏环境才是新斯科舍省所实施的改良方案的最大价值。形势正按照十年前加拿大昆虫专家 G.C. 乌里耶特所指出的方向发展："一定要打破传统的固有观念，抛弃人类独尊的信条，坦诚地接受生物防治力量往往比人工技术更优这样一个事实。"

第十六章　雪崩声隆隆作响

倘若达尔文复生，看到自己的适者生存学说在昆虫身上体现得如此充分，一定会又惊又喜。强力的杀虫剂已经淘汰掉了适应力差的昆虫。现在，不少地方只剩下具备很强适应能力的昆虫，它们还在顽强地抵抗着人类的毒杀。

大约半个世纪以前，华盛顿州州立大学的昆虫学教授 A.L. 梅兰德，曾提出过一个在今天根本不会引起疑问的问题："昆虫会对农药产生耐受性吗？"梅兰德发问得太过超前了，所以他很可能找不到答案，或者要等很久才能找到答案。那是在很早以前的一九一四年，而不是情况大不一样的四十年后。在 DDT 出现以前，人们使用的农药是无机化合物，并且喷洒面积用现在的标准看来是很小的，即使这样也有很多地区的昆虫表现出了对农药的耐受性。梅兰德自己就遇上了梨圆蚧的难题，这种蚧壳虫会危害果树。他曾经在维纳奇、雅吉玛谷等地的果园里使用硫化石灰来治理这种害虫，效果不错。可是多年以后，同样的方法在华盛顿州克拉克斯顿却突然失效了。

美国其他地区也同时出现了相似的问题：种植者大量投施硫化石灰，但是蚧壳虫依旧泛滥，因为它们已经对硫化石灰产生了很强的抗药性。它们破坏了中西部几千英亩的上等果园。

在加州的一些地区曾经流行过氢氰（qíng）酸熏蒸的治理方法：把果树用帆布罩上，再用氢氰酸进行熏蒸。现在这种方法的效果已经大打折扣了。一九一五年，加州柑橘研究所开始调查这一现象，并持续进行了四分之一个世纪。还有一种对农药产生抗药性的昆虫——苹果卷叶蛾。在二十世纪二十年代之前，施用砷酸铅防治卷叶蛾的历史长达四十年，但是此时它们已经具有了抗药性。

不过，昆虫全面地表现出抗药性要等到DDT和同类化合物出现以后。只要略懂昆虫种群的数量变化，就不会惊讶于这短短几年内爆发出的可怕问题。虽然人们已经开始了解昆虫出现抗药性的情况，但是真正预见到危机的只有那些研究昆虫传播病原的专业人士。大部分农业专家仍然认为，开发更强大的新药是解决问题的正确方向。殊不知正是这种错误的观点造成了现在的困难局面。

人类认识昆虫抗药性的速度，远远跟不上它们产生抗药性的速度。在一九四五年之前，还处在DDT没有投入使用的时代，当时观察到的对杀虫药剂具有抗药性的昆虫只不过十几种。而随着新型有机化合物的不断出现，以及大规模喷药技术的不断完善，昆虫的抗药性开始变得越来越普遍。到了一九六〇年，已知的具有农药抗药性的昆虫已经发展到一百三十七种。而这一增长趋势明显还在继续。关于这一问题的研究论文已经发表了上千篇。在全球大约三百名专家学者的呼吁下，世界卫生组织宣布："抗药性是现今病原防治任务的重中之重。"英国的动物种群研究权威查尔斯·艾尔顿博士说道："雪崩即将来临，隆隆的响声仿佛就在耳边。"

有时，抗药性出现得太快了，使得某种农药成功消灭某种害虫的新闻报告还没来得及报道，就不得不因情况变化而作废。在南非就曾经发生过这样的事情。当地牧场曾长期受到蓝壁虱的祸害，有个农场曾在一年之中因为蓝壁虱而损失了六百头牲畜。经过很多年的发展，砷溶剂对蓝壁虱已经失去了效用，于是牧民改用六氯化苯，一开始效果显著。一九四九年年初，有报告宣称开发出了新型农药，可以很容易地灭杀这些抗砷类杀虫剂的蓝壁虱。过了几个月，出现了令人沮丧的报告：研究者观察到蓝壁虱的新抗药性。有作者在次年的《皮革业纪实》中表达了看法："要是大众能够理解这件事的重要意义，那么这些在科学界秘密交流，在境外媒体上简略报道的新闻，完全可以成为头条新闻上的原子弹爆炸式的报道。"

尽管对昆虫抗药性的关注集中在林业和农业，但是它引发的重大恐慌却是在公共卫生领域。很多种人类疾病都与昆虫有着古老的关联。疟蚊带有单细胞的疟疾原虫，通过叮咬把病原注入人体血液中。黄热病病原和脑炎病毒也都会通过蚊子传播。家蝇不会叮人，但会污染食品，传播痢疾杆菌。很多地区的眼病也是由它们传播的。疾病与病原体携带者的对应关系可以列一个长长的清单：斑疹伤寒和虱子、鼠疫和鼠蚤、非洲昏迷症和采采蝇、多种发热病和蜱虫……这样的例子实在是列举不完。

这些棘手的问题必须被快速解决掉。所有具备责任心的人都无法坐视昆虫传播疾病而无动于衷。当务之急是：现行的治理手段加剧了形势的恶化，这是不是理智之举？是不是负责任的表现？通过消灭昆虫来阻断疾病传播的成功事例广为人知，但是失败的例子却少有人注意。这些短暂的胜利很好地证明了，人类的不断攻击让害虫越来越强大。更不幸的是，人类自身的免疫力已经被严重破坏。

加拿大昆虫学权威 A.W.A. 布朗博士受聘于世界卫生组织，开始深入调查昆虫的抗药性情况。一九五八年，布朗博士在研究专著中写道："将强力有机杀虫剂应用于公共卫生领域不过十年时间，原本受到控制的昆虫就具有了耐药性，这成为摆在技术人员面前的一大难题。"他的这本专著出版之后，世界卫生组织发出警告："假如不尽快改变现状，那么人类对抗由节肢动物传播的疟疾、斑疹伤寒和瘟疫等疾病的努力将付之东流，防疫工作将陷入困境。"

困境的具体表现是怎样的呢？现在，大部分的医学昆虫[1]都具备了抗

---

[1] 医学昆虫：骚扰人类安宁，吮吸疾病与病原体的昆虫，包括：蚊、蝇、蠓、蚋、蛉、蚤、臭虫、蜚蠊、蜘蛛、恙螨、革螨、蝗、蜈蚣、马陆、蟹、水蚤、蠕形纲的叠形虫等。它们可以通过吸血、刺蜇、机械携带传播各种病原体，包括原虫、蠕虫、螺旋体、立克次体、细菌、病毒等。

药性。还没有出现抗药性表现的可能只有墨蚊、沙蝇和采采蝇了。而家蝇和体虱的抗药性已经发展到了全世界。蚊子的抗药性妨碍了对疟疾的防治。东方鼠蚤是鼠疫传播的重要渠道，近期也开始出现对 DDT 的耐受性，这让情况更加严重。各片大陆和多数群岛上的国家都在报告生物的抗药性问题。

据我所知，一九四三年在意大利出现了现代杀虫剂的首次应用。那时，盟军向民众和战士身上喷洒 DDT，成功阻断了斑疹伤寒的扩散。又过了两年，滞留性喷药 [1] 得以大范围推广，于是疟蚊被顺利消灭。但是一年以后就出问题了。家蝇和蚊子都表现出了耐药性。一九四八年，氯丹问世，开始取代 DDT。这一措施的效果持续了两年。到一九五〇年，有一些蝇子开始出现耐药表现。这一年的年终，几乎所有的家蝇和蚊子都开始表现出对氯丹的抗药性。抗药性总是紧跟着新型农药问世。到一九五一年年底，DDT、甲氧氯、氯丹、七氯和六氯化苯都进入了失效农药的名录。不同的是，蚊蝇依然"遍地尽是"。

二十世纪四十年代，在意大利的撒丁岛也曾发生过一系列抗药性引发的问题。一九四四年，含 DDT 的农药开始在丹麦投入使用，三年后很多地区的灭杀苍蝇行动就失败了。到一九四八年，埃及不少地区的苍蝇出现抗 DDT 的特性；改用六氯化苯，有效期也只持续了不到一年。当地有个村庄的情况非常具有代表性。一九五〇年，杀虫剂很好地控制了苍蝇，这一年村子里的婴儿夭折减少了大约一半。可是到了第二年，苍蝇对 DDT 和氯丹都出现了抗药性，于是很快便恢复了数量，同样的，婴儿夭折的情况也回到原状。

一九四八年，在美国田纳西河谷，苍蝇普遍对 DDT 产生抗药性。紧接着别的地区也发生相似情况。人们试着改用狄氏剂，但是效果不理想。

---

[1] 滞留性喷药：把起效期长的杀虫剂药液喷洒在室内的墙壁、门窗、天花板和家具等表面，使药剂滞留在上述物体表面上，维持较长时期的药效。适用于喷洒住址、办公室、宾馆、食堂、仓库、防空洞和厕所等场所，以防治蚊、蝇、蟑螂等卫生害虫和某些仓库害虫（如棉库中的棉红铃虫）。

在有的区域，短短一两个月内苍蝇的抗药性就会明显地表现出来。治理部门在把所有氯代烃族有机物试了个遍以后，将目光转向了有机磷酸盐类物质，不过苍蝇同样对这些替代品产生了抗药性。现在专家们给出的答复是："杀虫剂已经不足以治理家蝇，必须重启常规的全面卫生治理行动。"

在那不勒斯，DDT 成功消灭了体虱，这是其最早也最为人熟悉的一项成就。[1] 接着，在一九四五年到一九四六年之间的那个冬天，在日本和韩国爆发了严重的体虱虫害，受灾人数有两百万之多，于是 DDT 再次发挥了重大作用。一九四八年，在西班牙，DDT 被用来防治流行性斑疹伤寒，结果却失败了，这似乎是接下来问题爆发的先兆。虽然已经有失败的实例，但是昆虫学专家们被实验室的成功结果所蒙骗，他们坚信虱子不存在抗药性。一九五〇年到一九五一年的冬天，发生在韩国的事情令人震惊。有的韩军士兵在用了 DDT 药粉后，身上的体虱变得更多了。对体虱进行抽样检验发现，5% 浓度的 DDT 药粉根本不能杀死体虱，它们依旧保持着正常的死亡率。科学家们进行了广泛的抽样调查，范围包括东京流浪者、板桥贫民窟，还有叙利亚、约旦、埃及东部的难民营等，结果显示 DDT 已经无法防控虱子和斑疹伤寒。一九五七年，虱子出现 DDT 抗药性的国家已经有伊朗、土耳其、埃塞俄比亚、西非、南非、秘鲁、智利、法国、南斯拉夫、阿富汗、乌干达、墨西哥和坦噶尼喀等。这时候，DDT 最开始在意大利取得的成绩就显得不值一提了。

希腊的萨氏按蚊是最早产生 DDT 耐受性的疟蚊。一九四六年开始，针对这种蚊子开始了大范围的喷药灭杀，并且取得了一定效果。但是，到了一九四九年，有观察者注意到，萨氏按蚊不再出现在喷过药的房子和牲畜圈里，而是大量聚集到了路桥下边。没过多久，在地窖、仓库（谷仓）、排水管和橘树的枝叶上，都有大量的成年萨氏按蚊聚集。这说明，成年蚊子可以抵抗建筑内喷洒的 DDT，然后逃离到野外积聚、调整。再过上几

---

[1] 第二次世界大战期间，意大利南部那不勒斯爆发体虱虫灾。一九四四年年初，当地军民陆续接受了 DDT 溶液喷洒。三周后，体虱彻底被消灭。这是人类历史上第一次成功控制斑疹伤寒。

个月，它们就能重新回到喷过 DDT 的房屋，甚至就停留在残留有杀虫剂的墙壁上。

以上所说的其实不过是严峻形势的一点苗头。疟蚊正以极快的速度发展自身对 DDT 的抗药性。深究其原因发现，正是那些旨在灭杀疟蚊的家庭喷药活动，造成了眼前的困境。一九五六年，只有五种疟蚊出现了抗药性。而到了一九六〇年年初，就变成了二十八种！其中在西非、中东、中美洲、印度尼西亚和东欧等地有几种疟蚊是极其危险的。

其他种属的蚊子也存在这样的问题，其中一些会传播别的疾病。有种带有橡皮病病原寄生虫的热带蚊子对杀虫剂产生了强烈的抗药性，而这一情况出现在世界上的好多地区。在美国的某些地区，传播西方马疫脑炎病毒的蚊子也产生了抗药性。更严重的是传播黄热病的蚊子出现了抗药性。几百年来，黄热病一直是世界上最可怕的传染病之一。传播黄热病的蚊子出现抗药性这一情况，已经出现在东南亚和加勒比海地区。

从全世界各地的报告来看，抗药性的出现使得疟疾和其他疫病的形势恶化。一九五四年，黄热病肆虐特立尼达岛，原因是这里的蚊子出现抗药性，导致防治措施失效。印度尼西亚和伊朗的疟疾问题变得更加严重了。在希腊、尼日利亚和利比里亚，疟原虫仍旧被蚊子传播开来。格鲁吉亚为了防治痢疾而灭杀苍蝇，但效果只维持了一年，然后就不复存在了。在埃及，短期灭杀苍蝇降低了急性结膜炎的发病率，但是一九五〇年后问题又重新出现。

佛罗里达州盐沼里的蚊子同样产生了抗药性，尽管对人类没有危害，但造成的经济损失是巨大的。这些蚊子虽然没有携带病菌，但是数量极大，并且会叮咬人畜进行吸血。这就使得佛罗里达州海岸的很多区域不适宜人类定居。投入巨大的治理只能维持短暂的效果，然后就还是老样子。

各处的家蚊都产生了抗药性，这样一来某些定期喷药治理的社区也应该放弃这种手段了。现在，在意大利、以色列、日本、法国，还有美国的加州、俄亥俄州、新泽西州和马萨诸塞州，家蚊对不少杀虫剂（最主要是 DDT）产生了抗药性。

蜱虫同样是一个问题。研究人员近期注意到，传播斑疹伤寒的木蜱虫有了抗药性，而褐色犬蜱则早就形成了系统的、强烈的抗药性。这让人和犬都受到威胁。褐色犬蜱原本生活在亚热带，在新泽西这样的北方地区能够存活下来，完全是靠着房屋中的供暖，在户外就完全无法存活。一九五九年夏，全美自然历史博物馆的约翰·C.帕里斯特反映，他和同事连续收到附近中央公园西区的住户的来电。帕里斯特先生说："经常会有一整栋公寓楼发现很多蜱虫幼虫的情况。清除工作很难取得成效。宠物狗把蜱虫从中央公园带到了公寓楼里。然后蜱虫开始产卵、孵化。这些蜱虫对DDT、氯丹和其他不少新型有机杀虫剂似乎都具有抗药性。过去，纽约是很少见到蜱虫的，但是现在，不仅是在纽约，就算是长岛、维斯切斯特乃至康涅狄格都有了蜱虫。在最近的五六年里，这已经成为普遍情况。"

大部分生活在北美的德国小蠊（lián）[1] 都具备对氯丹的抗药性。以前，常用氯丹来消灭德国小蠊，现在改用有机磷农药。但是，近期科学家们发现，有机农药也开始对德国小蠊不起作用了。接下来该怎么做，还没有人能够回答。

眼下，抗药性不断出现，为了防治昆虫传播的传染病，有关部门就只好选用毒性更强的杀虫剂。但是，最有天赋的化学家也不能一直合成出新的药物，这终归不是解决之道。布朗博士认为，人类现在走上了一条"不归路"，谁也讲不清能走多远。假如在带有病原体的昆虫引发灾难之前，药品研发之路走到尽头，那么人类的前景就真的悬了。

种植业害虫一样存在抗药性的问题。

早期有十几种对无机农药具有抗药性的害虫，而现在又增加了不少对DDT、六氯化苯、六氯环己烷、毒杀芬、狄氏剂、艾氏剂和人类非常重视的有机磷酸盐化合物具有耐受性的昆虫。一九六〇年，出现抗药性的种植业害虫的种类是六十五种。

---

[1] 德国小蠊：蟑螂的一种，是分布最广泛，也最难治理的一类世界性家居卫生害虫。

一九五一年，美国第一例农作物害虫抗 DDT 事例被观察到，这时 DDT 的应用历史已有六年。苹果卷叶蛾可能是最大的麻烦。全球范围内，苹果卷叶蛾均产生了对 DDT 的抗药性。同样问题严重的还有卷心菜害虫。在美国的不少地区，人们注意到马铃薯害虫也具有了抗药性。农民喷洒杀虫剂，却完全不能杀死以下这些害虫：六种棉花害虫、蓟马、梨小食心虫、叶蝉、毛虫、螨、蚜虫、金针虫及别的一些昆虫。

化工行业的从业者对抗药性这样一个令人不悦的问题，总是躲躲闪闪、回避不谈。他们的态度也是可以理解的。一九五九年，虽然已经有百余种重点昆虫被认定具有抗药性，但是农业化学行业的一家权威期刊仍然发文质疑，称昆虫的抗药性还"有待商榷"。但是，化工产业的闭目塞听并不会使问题得以解决，反而造成经济方面的问题。其中一个问题是施用杀虫剂的成本会越来越高。预先大量生产储存杀虫剂的做法无疑是不妥当的，现在是很好用的杀虫剂，到将来就变得无效了。研发和推广杀虫剂的巨大投入或许会打水漂儿。事实证明，强力灭杀不能妥当地解决昆虫问题。不管杀虫剂的开发和投施技术的更新有多么快，都赶不上昆虫的适应速度。

恐怕连达尔文自己都不能举出比抗药性作用更能体现自然选择的例子了。在同一种群中，昆虫的身体形态、行为方式和生理机能都存在差异，在农药攻击中存活下来的一定是足够"强大"的个体，而弱者都被杀死了。先天具备抗药性的个体存活下来，它们会把这种抗药性遗传给后代，于是后来的昆虫都是"强大"的。这就不可避免地带来一种结果，即本来要解决的问题，会变得更加糟糕。繁衍几代以后，过去有强有弱的族群，变成只有"强者"的种群。

昆虫对抗农药的方式是多种多样的，人类不可能对每一种都完全清楚。有一种说法是，有的昆虫利用身体结构的优势来应对农药的侵害，但是现在还没有可靠的证据。不过，布雷约博士的一些观察结果证明，有的昆虫确实具有免疫特性。布雷约博士曾在丹麦斯普林福比害虫治理研究所观察过实验苍蝇，随后写报告说："它们在含有 DDT 的环境中游戏，就像是过去玩戏法的人在炽热的炭火里跳舞。"

类似的报告从世界各地传来。马来半岛西南部吉隆坡的蚊子在刚开始投施DDT的时候，很快地逃离施药区域。但是等到抗药性慢慢出现，人们照着手电筒看到，DDT残留物上无遮拦地栖息着成群的蚊子。在台湾南部的一个军营中，具有抗药性的昆虫直接沾上了DDT药粉而安然无恙。对此曾有人做过实验，把这些臭虫用一块浸透DDT的布包裹住，可是它们很正常地在里面生活了一个月，并且产下了卵，还能孵出健康的后代。

但是，抗药性的产生不只是依靠身体结构。具有DDT抗药性的苍蝇体内存在一种酶，可以把DDT转化为毒性更小的DDE。苍蝇的这种抗药性也是一种先天的性状，因此通过遗传基因的传递，还会有后代苍蝇具备对DDT的抗药性。至于苍蝇和别的昆虫如何承受有机磷酸盐农药的毒害，现在还没有搞清楚。

昆虫的一些行为习惯也能帮助它们躲避杀虫剂的侵害。有不少喷药工人留意到，具有抗药性的苍蝇偏好于落在未喷药的地面上，几乎不在喷过药的墙上停留。带有抗药性的家蝇更是习惯于待在固定的安全区域，最大限度地避免了农药接触。还有些疟蚊的习性使得它们接触不到DDT，这就相当于是具有了抗药性。一旦受到杀虫剂的刺激，这些疟蚊就会立刻飞出屋子到野外生活。

一般而言，昆虫需要两三年的时间产生对农药的抗药性，但是有些情况下，只需要一个季度甚至更少的时间。还有些特殊的情况，需要六年时间才能产生抗药性。非常关键的一点是，昆虫种群每一年的繁殖次数因物种和气候条件的不同而存在差异。比如，加拿大苍蝇产生抗药性的速度比美国南部苍蝇要慢一些，因为在美国南部夏季持续的时间更长，能加快苍蝇的繁殖速度。

曾有人充满期待地问过一个问题："既然昆虫可以产生抗药性，那么人类是不是也可以呢？"从理论上说是可以的，只是出现的过程需要几百年上千年的时间，这对当今世上的人似乎没有多大意义。抗药性不是一种单独个体所产生的事物。如果某个人比其他人更能抵抗毒害，那么他活下来繁衍后代的可能性就会更大。所以，一个族群繁衍数代之后才能产生抗药性。人类一个世纪中大概能繁衍三代，但是昆虫繁衍出一代往往只需要几天或者几周的时间。

布雷约博士在主管荷兰植物保护局时曾提议："在某些时候，聪明的做法是尽量把损失降到最低。而不是只顾眼前的利益，导致抵抗力消失，最终付出沉重的代价。理智的选择是'少喷药'而不是'尽可能喷药'……应该避免破坏害虫种群的平衡状态。"

然而糟糕的是，美国农业管理部门不接受这样的主张。农业部一九五二年出版的年鉴里，通篇都在讨论昆虫问题，认为昆虫确实出现了抗药性，但是"为了彻底解决昆虫问题，需要使用更多的杀虫剂"。假如还有最后一种杀虫剂未被使用，而它不仅会消灭害虫还会毒死世界上其他的生物，那么最后的选择是怎样的呢？农业部闭口不谈。不过在一九五九年，也就是那项建议提出七年之后，《农业和食品化学学报》在提及该建议时，称康涅狄格州的一位昆虫学者认为，最后一种农药至少已经在一两种昆虫身上使用了。

布雷约博士说过："显而易见的，人们走上了一条可怕的道路……人们必须尽力开发新的治理技术，着力于生物技术而不是化学技术。我们应该尽可能周全地把自然引入正轨，而不可简单粗暴……""人类应该更有远见地去思考问题，应该更深入地去发现问题。可是很多专业人士还缺乏这样的品质。生命是一个说不清、道不明的奇迹。虽然我们必须与之抗争，但不可缺乏敬畏之心……利用杀虫剂这样的暴力手段来加以控制，反衬出我们的无知和无能，无法引导自然的发展方向，只能使用武力。科学面前应该谦虚慎重，而不可自负自大。"

第十七章　另一条路

　　现在，我们眼前是一处岔路口，通向两个不同的方向。而这又不同于罗伯特·弗罗斯特著名的诗歌[1]中所讲述的那样，眼前这两条道路的前景天差地别。我们一直走的这条路，看上去是一条平稳、舒适，可供我们高速前进的道路，但是在终点等待我们的却是灭顶之灾。另一条路"人迹罕至"，但是却能顺利抵达终点，是我们最后的、唯一的保护好地球的机会。

　　应该说，选择权还是在人类自己手里。当忍受了那么多毒害之后，我们总算开始提出"知情"的诉求；当有了充分的了解之后，我们总算明白我们承担了多么巨大而无用的牺牲；我们应该坚决反对那些鼓吹继续向环境投毒的言论。我们要做的是调查研究，找出别的道路。

　　除了人工杀虫剂，防治昆虫的手段还有很多。有的治理手段已经经过了实践验证，效果显著；有的则还在进行试验；还有的尚处于科学家的理论构想阶段，需要等合适的时机再进行验证。以上这些防治手段的共同之处在于：运用的都是生物技术，所依据的理论是生物机体和生态系统的运

---

　　[1] 罗伯特·弗罗斯特著名的诗歌：美国著名诗人罗伯特·弗罗斯特的《未选择的路》（*The Road Not Taken*）。

行原理。生物学的诸多分支学科——昆虫学、病理学、遗传学、生理学、生物化学和生态学——的专家们，正在运用自己的专业知识和聪明才智，积极探索新的生物防治方向。

生物学家卡尔·P.斯旺森是霍普金斯大学的教授，他说："每一门科学就像是一条河，说不清源头所在，毫不起眼，水流时缓时急，有时缺水，有时涨水。当研究人员不断付出努力，并且有很多思想源流加入进去，河水变得越来越湍急。当新的观点和理论逐渐形成，河水就会变得更宽、更深。"

现代生物防治科学就是这样的。美国生物防治科学的肇始已不可考，大约是在一百多年前，人们开始试着引入天敌生物来控制农作物害虫。这门科学技术在某些时间段进展迟缓，甚至是完全停滞，当然，在某些成功事例的鼓舞下，有时又会呈现出迅猛的发展势头。它也遇上过"缺水"的时候：二十世纪四十年代，面对新型杀虫剂咄咄逼人的扩张态势，研究应用昆虫学的人士都放弃了生物治理技术，转而投身药剂治理的"快车道"。但是，"彻底消灭昆虫"已经成为一个传说而渐行渐远。现在，诸多事实已经向人们证明，滥用人工化合物药剂对人类的坏处大于杀灭害虫所创造的好处，于是，生物防治这条科学河流有了新的思想源流，终于迎来了"涨水"。

有的新技术手段非常奇妙，旨在用昆虫自身的生命力量去破坏它自己的种群。这里边最让人叫绝的，要数美国农业部昆虫研究部门主管爱德华·尼普林博士团队所开创的"雄性绝育法"。

那是在大约二十五年前，尼普林博士公布了一种震惊业界的与众不同的昆虫治理方法。他提出理论：假如把大量实施了绝育的昆虫投放到野外，让绝育雄昆虫在特定条件下表现出比野生雄性更强的竞争力。重复几次这样的投放之后，昆虫产下的就是不能孵化的虫卵，于是种群就会慢慢灭绝。

尼普林博士一直坚持自己的观点，即使受到官方的冷淡和同行的质疑。实施计划的第一个要点是寻找可行的昆虫绝育手段。从理论上说，在一九一六年的时候，人类就已经知道 X 射线对昆虫有绝育作用。当时，昆虫学专家 G.A. 朗拿曾报告他所观察到的 X 射线引起烟草甲虫绝育的现象。二十世纪二十年代末，赫尔曼·穆勒在 X 射线引发基因突变这一研究领域的杰出贡献，打开了更广阔的思想境界。到了二十世纪中期，不少研究者报告了十二种以上的昆虫暴露在 X 射线或伽马射线中出现绝育的现象。

不过，这些还只是试验，离实际运用还有很远。一九五〇年左右，尼普林博士开始试用昆虫绝育法消灭美国南方主要的牲畜害虫——螺旋蝇。雌性螺旋蝇选择在恒温动物暴露的伤口处产卵，这样孵化出的幼虫就可以寄生在宿主身体内，以宿主的血肉为食。成年的肉牛在严重感染十天后就会突然死去。在美国，每年因这一问题造成的畜牧业损失估计要有四千万美元之多。对野生动物造成的损害不容易统计，但一定不容乐观。得克萨斯州多处鹿群数量锐减，跟螺旋蝇有着很大的关系。螺旋蝇原本生活在热带或亚热带地区，主要指中美、南美和墨西哥，在美国境内只有西南地区有分布。大约是在一九三三年，螺旋蝇意外进入佛罗里达州。这里的冬天很温暖，使得螺旋蝇能够顺利越冬并快速繁殖，接着就扩散到了亚拉巴马州南部及佐治亚州境内。没过多久，东南部各州的畜牧业每年都要遭受两千万美元的折损。

得克萨斯州农业部门的专家在过去的数年中搜集了很多有关螺旋蝇的调查研究资料。一九五四年，经过在佛罗里达州的一些岛上实施初步试验以后，尼普林博士做好了全面验证自己理论的准备。在得到荷兰政府的授权与指导后，尼普林博士来到了离大陆五十英里的加勒比海中的库拉索岛。

一九五四年八月，佛罗里达州农业管理部门把实验室中完成绝育处理的螺旋蝇运到了库拉索岛，从空中实施一周一次的投放，密度为每平方英里四百只。用山羊做实验对象，观察到其体内的螺旋蝇卵块数迅速减少，并且不能很顺利地孵化。第一阶段的投放只进行了七周，全部螺旋蝇卵块就都不能孵化了。不久，岛上再看不到一个卵块了，不管是能孵化的还是不能孵化的。螺旋蝇从库拉索岛上灭绝了。

佛罗里达州的畜牧业经营者对库拉索岛上的成功实验很感兴趣，他们希望可以通过相同的方式消灭螺旋蝇。虽然佛罗里达州比库拉索岛大上三百倍，难度极大，但是联邦农业部门和州政府还是在一九五七年划拨资金帮助实施灭除螺旋蝇的计划。计划内容为：设立每周可生产约五千万只螺旋蝇的"苍蝇工厂"，提供二十架轻型飞机，每天按照提前设定好的航线飞行五六个小时，每架飞机装有一千只纸箱，每只纸箱里装有两百到四百只经过放射线绝育处理的螺旋蝇。

一九五七年和一九五八年之间的那个冬天出奇地冷，佛罗里达州北部的气温快要降至零度，这对计划实施是一个意外的利好：螺旋蝇的数量会减少，而且会聚集到一个很小的区域里。又过了十七个月，灭杀行动基本结束了，在佛罗里达州全境和佐治亚州与亚拉巴马州的部分地区，一共投放了三十五亿只人工绝育的螺旋蝇。在一九五九年二月，发生了最后一起动物因螺旋蝇而造成感染的事情。后来的几周内，还观察到了几只螺旋蝇。但是从这以后，再也看不到螺旋蝇的影子了。美国东南部彻底没有了螺旋蝇。这一事例展现了科技创新的力量，理论研究的严谨细致，科研工作者的毅力和恒心。

现在，在密西西比州建筑了一道隔离屏障，以阻止螺旋蝇从西南部卷土重来，那里的螺旋蝇种群树大根深，非常难以消灭。这不仅是因为当地地域辽阔，还因为毗邻墨西哥，存在从境外流入的可能。不过，一想到螺旋蝇灾害的严重性，农业部还是想尽快在得克萨斯州和西南部其他虫害地区实施灭杀行动，起码要尽可能地减少螺旋蝇的数量。

螺旋蝇的成功防控让人们有了很大热情，希望用同样的技术来治理其他害虫。但是，这项技术并不适合于对付一切昆虫。在很大程度上，这项技术依赖于物种的习性、种群密度和对放射线的反应。

英国已经决定试用该技术来防控罗德西亚（津巴布韦的旧称）的采采蝇。三分之一的非洲受到这种蝇子的危害，那些地方的人们面临巨大的健康威胁。此外，约有四百五十万平方英里的茂密丛林受到采采蝇的危害，不适宜进行放牧。采采蝇的习性同螺旋蝇完全不同，虽然也能被放射线绝育，但还有待技术突破才能实施。

英国对很多昆虫实施了放射线敏感程度检测。美国专家在夏威夷的实验室和更远的罗塔岛上，用瓜蝇、东方果蝇和地中海果蝇进行实验室试验和野外试验，取得了喜人的初步成果。关于玉米螟和甘蔗螟的研究也正在进行着。有这样一种可能：医学上有重要意义的昆虫都可以被雄性绝育法所控制。有位智利学者提出，他们国家的疟蚊根本不受杀虫剂攻击的影响，只有投放绝育雄蚊才会彻底消灭疟蚊。

放射性绝育存在很明显的难度，于是人们着眼于寻找更便捷的替代方案，这样就有了研究不育药剂的潮流。

在位于奥兰多的佛罗里达州农业部门的实验室中，科研人员将药剂掺入家蝇喜欢的食物，用家蝇进行实验室和野外的绝育试验。一九六一年，在佛罗里达附近的一个小岛上进行的试验中，只用了不到五周的时间，就把岛上几乎全部的苍蝇消灭了。当然，临近岛屿的苍蝇又飞来繁殖。但是岛上的试验无疑是很成功的。所以就很容易理解农业部对该项技术前景的乐观态度了。就像我们已经看到的那样，杀虫剂对家蝇完全没有灭杀作用了。找寻新的治理手段已是当务之急。放射性绝育技术的缺陷是，要人工处理培育雄性昆虫，并且投放的数量必须超过野外的雄性个体数量。在螺旋蝇身上这些还不成为问题，因为它们的实际数量不算很大。不过家蝇的情况就不同了。试想，就算是在短期内环境中的家蝇数量增加了两倍，也会有人强烈地表示反对。另外，把绝育药剂掺入饵料投放到环境中让苍蝇食用，使其丧失繁殖能力。经过一个阶段以后，不育的苍蝇大大增加，逐渐导致整个种群的灭绝。

试验绝育药剂比试验有毒化合物有着更大的难度。虽然可以同时进行多项试验，但是评估一种化合物的药性通常需要三十天时间。在一九五八年四月到一九六一年十二月这段时间里，科学家们在奥兰多的实验室中验证了几百种药剂的绝育作用。虽然只选出了几种可靠的药剂，但是农业部门看上去非常满意。

农业部门下属的其他实验室也都开始了药理学试验，试验对象有厩螫蝇、蚊子、象鼻虫和各类果蝇。虽然这只是一些实验阶段的工作，但是在如此短的时间内，可以说进展的势头非常迅猛了。从理论上看，绝育药剂有很多优势。尼普林博士认为，昆虫的绝育药剂"比最好的杀虫剂更有效果"。假设某种昆虫有一百万只，繁殖一代数量会增长五倍。而现在如果有一种药剂，可以杀死每代昆虫的90%，则第三代后还会剩下十二万五千只。与之相比，施用的如果是令90%的昆虫发生不育的药剂，则三代后只会剩下一百二十五只。

不过，这种治理手段也存在隐患：有些绝育药剂毒性强烈。值得庆幸的是，从这项研究开始时，大部分研究者就表现出了足够的安全意识，充分考虑到药剂和喷施技术的安全性问题。但是，经常还会有人提议使用飞机空投这些绝育药剂，比如对遭受舞毒蛾幼虫啃咬的树叶喷药。然而我们应该牢记，所有未经安全评估的贸然行动都是严重缺乏责任心的表现。假如不把绝育药剂的风险放在心上，就可能会面临比滥施杀虫剂更严重的威胁。

现在试验的绝育药剂一般有两种，它们起效的方式十分有趣。第一种绝育药剂主要是对细胞的生理活动和新陈代谢起作用。它们和细胞组织所需的某种物质结构相近，因此会"骗过"生物体，参与到生命活动中。但是在某一具体的生命活动过程中，绝育药剂不能使生命活动正常运行，于是生理进程出现问题。这种药剂一般被称为抗代谢药。

第二种绝育药剂则是针对染色体发挥作用，很可能破坏遗传物质，使染色体受损。这种药剂是烃化剂，化学活性很强，对细胞有严重的破坏作用，能破坏染色体以引发突变。伦敦市切斯特·比第研究所的皮特·亚历山大博士指出："所有会导致昆虫不育的烃化剂，同时必定是强烈的诱变药剂和致癌物质。"他认为，要"坚决抵制"一切把此类物质用作昆虫防治的计划。所以，人们希望当前进行的试验不是在研究直接使用这些物质，而是通过这些化合物来寻找更安全、更有针对性的别的化合物。

在现在的研究中还有非常值得关注的思路，就是从昆虫的习性中寻找出对付它们的方法。昆虫会分泌出很多种毒液、引诱物质和驱散物质。这些分泌物有什么样的化学特性？可否用来作为有针对性的杀虫药剂？康奈尔大学和别处的一些专家正在寻找问题的答案，他们研究了昆虫面对捕食者进攻时的防御机制，对昆虫的分泌物试着进行分析。另外一些专家则在研究"保幼激素"[1]，这种物质对防止幼虫发育不良有着很强的效用。

最有用的昆虫分泌物研究发现要数引诱剂。人们又一次从大自然中得到了启示。发生在舞毒蛾身上的事非常有代表性。雌性舞毒蛾体型笨重无法飞行，所以只能生活在地面和近地面，在灌木丛草丛间穿行，或是爬上树干。而雄性舞毒蛾则有很强的飞行能力。雌蛾具有特殊的腺体，能够分泌出奇特的芳香物质，把远处的雄性吸引过来。这些年来，昆虫学专家们利用舞毒蛾的这种习性，一直在从雌性舞毒蛾身体中获取引诱物质。后来，人们把这些引诱物质投施在昆虫栖息区的边缘，以吸引雄性舞毒蛾进行数量调查。但是这种行动花费甚巨。虽然东北部的几个州都报告称舞毒蛾泛滥成灾，但是仍然不能从这些蛾子里获取足够数量的引诱剂。于是人们选择从欧洲引进人工捕捉的雌性舞毒蛾蛹，有时一美元才能买到两只。农业部门的专家辛苦研发了好多年，于近日成功合成了引诱物质，这算得上是一项重大的研究成果。接着，专家们又从蓖麻油里提炼出一种具有相似效用的化合物。这种化合物能够发挥与雌蛾分泌物一样的引诱雄蛾的作用。只要把极微量的合成物质放到捕虫器里，就能诱导雄蛾自投罗网。

这些发现的价值远不止于学术领域，据此研制的新型"舞毒蛾诱导剂"不光能用来调查昆虫的数量，还能起到防控效果，并且从经济角度考量也是可行的。最近人们正试着开发它的新用途。有一项名为"心理战"的试验，是把引诱物质制成颗粒然后从空中投施。这样做是为了迷惑雄蛾

---

[1] 保幼激素：也叫"返幼激素"，是一类保持昆虫幼虫性状和促进成虫卵巢发育的激素。它来源于咽侧体，现已从鳞翅目昆虫中分离出四种保幼激素。

并影响它的活动，使它受到药剂香味的误导而无法和雌蛾相遇。还有另外一种误导雄蛾和假雌蛾交尾的试验，也是运用了这样的原理。在实验室里，木片、像虫子形状的石头或者别的一些物品，只要经过适量引诱药剂的浸泡，就能吸引雄蛾与其交尾。干扰雄性舞毒蛾的交尾活动，能不能使其不育，进而造成种群数量的减少，这还需要进一步验证。但这未尝不是一种有趣的可能。

在人工合成性引诱剂领域，舞毒蛾诱导剂是具有突破意义的第一次。而新的诱导剂也许很快就会问世。人们正在对很多农业害虫进行研究，希望也研制出具有相似效用的引诱药剂。目前已经取得重大进展的是对小麦瘿蚊与烟草天蛾的研究。

人们还试着把引诱药剂和毒药混合施用，以控制多种昆虫。官方的专家们开发出一种名为"丁香酚甲醚"的诱导剂，并且发现雄性东方果蝇和瓜蝇丝毫不能抵抗它的诱导。小笠原群岛距离日本本土最南端四百五十英里。从一九六〇年开始，人们在这里进行试验，把丁香酚甲醚和另一种毒药混合后，用混合物浸泡纤维板碎片，然后朝整个群岛空投，吸引来雄性苍蝇加以毒杀。实施一年后，经过农业部门推算，认为99%的苍蝇已经被杀死。这种治理手段比过去的大面积喷药更加先进。所施用的有机磷毒剂只会附着在纤维板碎片上，避免野生动物误食。另外，有机磷毒剂的残留物容易挥发，因此不会污染土壤和水源。

但是，也有很多昆虫不是靠相吸或相斥的气味信息来进行交流的。有的昆虫是靠着声音信号来实现警示或吸引的。蝙蝠在飞行时发出的连续超声波（就像雷达一样在黑暗中指明方向）能够被某些飞蛾听到，这样它们就可以避免被蝙蝠捕捉到。有些锯蜂的幼虫在寄生蜂靠近时能听到翅膀扇动的声音，就会聚到一起形成掩护。另外，某些树木蛀虫发出的响动却会招引来寄生虫。同样的，雌蚊振翅发出的声音对雄蚊来说就像海妖的歌声一样诱惑。

可否就昆虫对声音的接收和反馈做些文章呢？虽然现在还处于试验中，但是已经看到了有趣的成果，用不断重复的雌蚊振翅的声音，成功吸引到了雄蚊。加拿大的科学家正在试验用超声波驱赶玉米螟和糖蛾。夏威夷大学的修伯特·富林思教授和梅布尔·富林思教授是动物声音研究的权威，他们认为，如果能透彻了解昆虫接收和发出声音信号的全部原理，就肯定可以模拟动物的声音信号来干扰其种群活动。利用声音信号驱散昆虫的前景比着引诱药剂更加光明。两位专家的研究表明，播放椋鸟痛苦鸣叫的录音，就能使其同类受惊逃散。他们的发现受到业界的赞赏。相同的事情也可能会发生在昆虫身上。在从事制造业的人士看来，理论上的可能意味着可操作性，至少有家规模庞大的电子企业已经着手建立实验室进行试验了。

直接利用声音杀死昆虫的研究也在进行当中。在实验中，用超声波处理水箱，结果里边的蚊子幼虫和其他生物都被杀死了。在别的实验里，只需要超声波在空气中短短地出现几秒钟，就可以杀死绿头苍蝇、粉虱和黄热病蚊。所有这些研究实验仅仅是走向防虫新理念的第一步。将来，奇妙的电子科技会实现这些技术。

新的生物治理手段也不是完全凭借电子技术、伽马射线和别的新兴技术。还有些治理手段古已有之，其原理在于昆虫这种生物也会生病，就像人类那样。如同人类世界的瘟疫一般，细菌感染席卷昆虫的种群，或者是病毒肆虐，都会让大量昆虫染病、死亡。远在亚里士多德在世之时，昆虫疾病已经为人类所知。在中世纪的诗歌里记录有桑蚕病。而巴斯德也是在研究桑蚕病之后，第一次解释了传染病原理。

侵扰昆虫的不只有病毒和细菌，还有真菌、原生动物、微型蠕虫和其他肉眼不可见的微生物。从这种意义上来看，人类可以和这些微生物结盟。微生物不全是病原体，还有那些分解废弃物，提升土壤肥力，以及参与发酵、硝化等过程的微生物。为什么不借助它们的力量防治昆虫呢？

十九世纪的动物学家艾利·梅契尼科最早提出了微生物防治概念。在十九世纪最后十年到二十世纪上半叶期间，微生物防治技术逐渐完善。二十世纪三十年代，依靠病原菌芽孢引发的牛奶病顺利解决了日本甲虫问题，这是用疾病控制昆虫的首次胜利，证明了这种思路行得通。就像上文

第七章说的那样，在美国东部这一成果早就得以运用。

眼下，人们对苏云金芽孢杆菌有着很高的期待。一九一一年，在德国中部的图林根省，人们发现这种细菌会使粉蛾幼虫患上致死的败血症。实际上，这种细菌最致命的地方还不在于诱发疾病，而是它具有很强的毒性。在这种细菌大量出现的芽杆中，和孢子一起长出的还有一种蛋白质晶体。这种物质对一些昆虫（主要是某些鳞翅目幼虫）而言是剧毒的。当幼虫啃食了带有这种毒物的植被，就会立刻中毒，动弹不得，无法进食，很快死去。从实际用途来看，这种病菌能够迅速阻断昆虫的进食，也就是一经施用就能阻断农作物受到的伤害，其效果可以说是立竿见影。现在，美国的多家企业已经推出了不同牌子的苏云金芽孢杆菌孢子制剂。还有很多国家正在进行野外试验：在法国、德国试验是针对菜粉蝶幼虫，在南斯拉夫则是为了对付美国白蛾，在苏联试验对象是天幕毛虫。从一九六一年开始，巴拿马进行了相关的研究试验，现在已经有希望解除困扰香蕉种植者的若干种虫害。其中对香蕉危害最大的是根蛀虫，它会啃噬香蕉树的根部，使香蕉树变得容易被风刮倒。过去只有狄氏剂能够有效地灭杀根蛀虫，但是也制造了很多灾难。根蛀虫逐渐产生了抗药性。同时，香蕉弄蝶的很多天敌都被消灭了，于是它们泛滥成灾。这种蝶身体小而结实，它的幼虫会卷起香蕉叶片然后啃噬。人们的愿望是新开发出一种活性微生物杀虫剂，既能同时消灭根蛀虫和香蕉弄蝶，又不会对自然环境造成破坏。

在加拿大和美国两国的东部林区里，或许可以把细菌杀虫剂作为对付云杉食心虫和舞毒蛾这样的林业害虫的重要方法。一九六〇年，美、加两国开始了苏云金芽孢杆菌杀虫剂上市前的野外测试。初始阶段的试验结果令人振奋。比如，在佛蒙特州试验的细菌防治取得了堪比 DDT 的治理效果。这其中主要的技术难题在于找出一种载体溶液，把细菌孢子带到常绿树的针叶表面。而农作物就不存在这样的问题——粉末状的药剂就能发挥作用。人类已经试着用细菌杀虫剂来控制各种蔬菜上的害虫，这方面加州走在了前列。

与此同时，另有一个不太引起人们注意的项目是关于病毒的。在加州，很多地方的苜蓿苗圃中喷了一种控制苜蓿粉蝶的东西，是用苜蓿粉蝶尸体里剧毒的病毒配制成的溶液，具有和杀虫剂同等的毒杀效果。只需五只苜蓿粉蝶的尸体就可以提取出足够的病毒来治理一英亩苜蓿苗圃。在加拿大的某些林区，一种能损害松叶蜂的病毒的控制效果已经被验证，其灭杀作用甚至比杀虫剂要好。

现在，捷克斯洛伐克的专家正试着用原生动物治理织网毛虫和别的一些害虫。在美国，原生动物[1]中的一些寄生虫被用来阻止玉米螟产卵。

有的人听到用微生物制作杀虫剂，立即就会在脑海中联想到荼毒生灵的细菌战。但事情实际上不是那样的。不同于人工化合物农药，微生物杀虫剂的有效成分是病原体，它只对目标昆虫有害，不会伤害其他生物。爱德华·斯泰因豪斯博士是昆虫病理学领域的权威，他着重指出："不管是在实验室还是在野外，都没有发现昆虫病原体引发脊椎动物染上传染病的可靠事例。"昆虫病原体的作用对象十分明确，一般只会引起几种昆虫患病，有些只针对一种昆虫起效。它们不会使高等动物和植物患病。斯泰因豪斯博士也说，昆虫疾病的传播范围限定于昆虫群体当中，不会危害宿主植物，也不会使吃了昆虫的动物受伤害。

昆虫的天敌很多，有些是微生物，还有的是其他昆虫。大约是在一八〇〇年，伊拉兹马斯·达尔文[2]便提出了以虫治虫的设想，所以他被公认为是天敌治虫法的开创者。可能是因为这是最早的生物防治手段，因此人们对以虫治虫的治理方法接受度很高，误把其当作唯一可替代杀虫剂的方法。

在美国，最早的生物防治法是在一八八八年。那时，昆虫学专家们

---

[1] 原生动物：最原始、最简单、最低等的动物。它们的主要特征是身体由单个细胞构成，因此也称为单细胞动物。种类约有三万种。单个细胞内有特化的各种胞器，具有维持生命和延续后代所必需的一切功能，如行动、营养、呼吸、排泄和生殖等。每个原生动物都是一个完整的有机体。

[2] 伊拉兹马斯·达尔文：进化论创始人查尔斯·达尔文的祖父。

都赶往澳大利亚找寻吹绵蚧的天敌，以拯救受灾严重的加州柑橘。在浩浩荡荡的队伍中就有艾伯特·科贝利。上文第十五章讲到过，这一行动取得的重大成果在世界范围内都产生了很大的影响。在后面的一个世纪中，人们四处找寻天敌，前后共引入了大概一百种捕食性昆虫和寄生性昆虫，以灭杀加州海岸的"入侵者"吹绵蚧。不只是科贝利引入的澳洲瓢虫很有效用，别的引入昆虫的行动也十分成功。有种从日本引进的黄蜂彻底消灭了祸害东部苹果种植业的害虫。斑点紫花苜蓿蚜虫是无意中被从中东引入的，后来引入了几种它的天敌，彻底拯救了加州的苜蓿种植业。对此人们称赞不已。运用寄生性昆虫和捕食性昆虫来控制舞毒蛾的行动取得了很好的效果。根据推算，加州每年从蚧壳虫和粉蚧的生物防治行动中挽回的经济损失就高达数百万美元。实际上，依照加州知名的昆虫学专家保罗·德巴赫的推算，一项花费四百美元的生物治理行动就可以为加州带来一亿美元的回报。

全世界靠引进天敌昆虫成功控制虫害的国家大概有四十个。相比于施用杀虫剂，这类生物治理技术的优点更加突出：花费更低，有效时间更久，没有毒害残留。但是在很长一段时间中，对生物治理的政策支持都是缺位的。实际上，全美正式开启生物治理的只有加州，不少州甚至连一个专门研究生物治理技术的昆虫学专家都没有。可能是因为缺少政策支持，有的天敌生物治理行动在实施过程中缺少最基础的科学严密性，不但没有对害虫种群数量的准确研究，也缺少天敌昆虫投放数量方面的研究，而后者通常是决定治理效果的关键。

捕食昆虫和被捕食昆虫不可能分开存在，它们都是存在于庞大生命之网中的一部分，而这其中的所有要素都得考虑周全。传统的生物治理技术在防治森林虫害上效果更佳。在现代化的农业生产中，田地的形态完全按照人类的意愿，跟自然状态差异太大。而森林是比较接近自然形态的，如果尽可能减少人工干预，只在有必要的时候做少量的帮助，就能使其形成一个神奇而复杂的治理与平衡系统，从而使森林远离虫灾。

美国的林业工作者看上去已经在考虑引进捕食性、寄生性昆虫来实施生物治理了。而加拿大人的眼光更长远一些，最先进的则是欧洲人，他们已经把"森林卫生"发展成了令人称赞的科学。在欧洲林业工作者们看来，鸟类、蚂蚁、蜘蛛、土壤细菌和树木的地位相同，都是组成森林的重要部分。因此，他们在规划新林区时都会充分考虑到这些保护因素。第一步是想办法吸引鸟类。在人工培育的树林中，不会有空心枯死的老树，于是啄木鸟和别的在树上筑巢的鸟类就没有了栖息地。在树上安置人工鸟巢可以改善这种状况，把鸟类重新吸引过来。另外还有一些特别为猫头鹰和蝙蝠设计的巢，方便它们晚间在其他小鸟休息之后继续捉虫。

然而这只是个开头。在欧洲森林中实施的最瞩目的治理行动是利用攻击力极强的森林红蚁。但是很遗憾，北美没有这种红蚁。大概是在二十五年前，德国维尔茨堡大学的卡尔·格斯瓦尔德教授找到了繁殖森林红蚁、扩大蚁群的办法。有了他的指导，一万多个森林红蚁群被培育出来，分布在德国境内的九十个试验区里。格斯瓦尔德博士的这项成果被推广到意大利和别的一些国家，他们纷纷建立蚂蚁培育基地，繁殖出红蚁群然后投放到森林中。在亚平宁山区，已经有几百个培育好的红蚁群被投放到再造林 [1] 中发挥防护作用。

海因茨·鲁伯特霍芬博士是德国默尔恩市的林业官，他说："在森林中，只要鸟类和蚂蚁同时提供保护作用，再有一些蝙蝠和猫头鹰，就差不多可以维持生态平衡。"鲁伯特霍芬博士指出，只引入某一种捕食动物或寄生性昆虫的治理效果，不如森林中各种"自然伙伴"集合起来发挥的作用。

默尔恩的森林里围上了铁丝网，以保护刚刚投放的红蚁群不受啄木鸟的侵袭，避免数量上的损失。在实行了这种保护措施的试验区域，十年时间啄木鸟的数量增长了四倍，但是红蚁群的数量并没有明显的下降，而且因为啄木鸟会啄食树木中的蛀虫，反而对森林是一大利好。维护蚁群和鸟

---

[1] 再造林：在原本有森林覆盖但由于自然或人为因素而遭到破坏的土地上，通过移植、播种或人工促进自然播种源，直接人为诱导非森林土地转化为森林土地的过程。

巢箱的工作主要是由当地十至十四岁的学生所组织的青年队来承担。这样做不需要投入多少金钱，反而实现了对森林的长期维护。

在鲁伯特霍芬博士的研究成果里，还有另一个非常有趣的地方，就是他开创了利用蜘蛛进行防治的方法。现在已有的关于蜘蛛种类和历史的文献资料很多，但是零零散散，缺乏探讨蜘蛛防治可行性的有关记述。现在人类已经观察到的蜘蛛种类是两万两千种，原本生活在美国的大约有两千种，原本生活在德国的有七百六十种，而其中的二十九种蜘蛛生活在森林里。

对林业工作者而言，蜘蛛所结的网是其最重要的特性。而其中最重要的是圆网蛛，它们能结出车轮状的圆网，某些个体所结的网尤其细密，可以网住所有的飞虫。在一个十字金蛛所结成的大网（直径最大为十六英寸）上，存在大约十二万个具有黏性的网结。在十八个月的生命周期里，一只蜘蛛平均要消灭掉两千只昆虫。对于生态状况正常的森林来说，每平方米范围内生存有五十到一百五十只蜘蛛。在少于这个数字时，可以收集并投放卵囊来进行补救。鲁伯特霍芬博士曾说："仅仅三只横纹金蛛的卵囊就能孵出一千只蜘蛛，而这一千只蜘蛛可以捕捉二十万只飞行的昆虫。"保护春天刚孵出的小圆网蛛尤其关键。鲁伯特霍芬博士解释说："这是因为小圆网蛛会在树梢上联合起来结出一个伞一样的保护伞，把树梢嫩芽保护起来免受飞虫的侵扰。"当小圆网蛛慢慢蜕皮长大，结出的蜘蛛网也会越来越大。

加拿大的生物学专家们也开展了跟德国相同的调查研究，虽然北美的森林大多是天然林而不是人工林，并且维持森林生态平衡的生物种类也和德国有区别。加拿大专家的研究重点是小型哺乳动物，它们对某些昆虫的控制作用是惊人的，尤其是林中排水通风情况良好的土壤里的昆虫。锯蜂就是其中的一种。雌性锯蜂的产卵器官像锯子一样，所以有了这样的名称。雌性锯蜂用它的"锯子"切开常绿树木的针叶，在其中产下卵。刚孵化出的幼虫会掉在地上，在落叶松、云杉和松树的枯枝败叶中结成茧。但是，森林里的地下世界就像是蜂巢一样，以白足鼠、田鼠及各种鼩（qú）

鼩（jīng）[1]为代表的小型哺乳动物挖出了纵横交错的地道。在这些小个头儿的挖洞者中，贪婪的鼩鼱吃掉了最多的锯蜂蛹茧。它们用前肢按住蛹茧，从一端开始啃食。这些鼩鼱本领奇特，可以清楚知道蛹茧里是空的还是实的。鼩鼱的食量非常大。一只地鼠在一天时间里可以吃掉两百个左右的锯蜂蛹茧，而鼩鼱一天最多能够吃掉八百个。在实验室里进行模拟试验，结果显示，鼩鼱可以消灭75%—98%的锯蜂蛹茧。

这样就可以理解为什么鼩鼱受到纽芬兰岛居民的热烈欢迎了。当地曾遭遇严重的锯蜂灾害，但是缺乏捕食它们的小型哺乳动物，于是在一九五八年开始试着引进锯蜂的头号天敌——中鼩鼱。加拿大官方于一九六二年发报告宣布这项行动圆满成功。中鼩鼱在岛上快速繁殖扩散，分布范围不断扩大。投放地点十英里之外甚至都发现有带标记的中鼩鼱。

林业工作者的愿望是长久地保护森林，保持生态平衡。他们达成愿望的渠道十分丰富。用杀虫剂来应对森林虫害，只能算是权宜之计，很可能带来严重的问题：毒死林间溪流里的鱼儿，引发各种害虫泛滥成灾，打破生态平衡，让各种实施当中的治理行动前功尽弃。鲁伯特霍芬博士曾说，采取这些粗暴的做法，会使"森林生态环境混乱，寄生虫灾害暴发的周期更长、间隔更短……所以，为了保护最重要的、所剩不多的自然环境，必须停止对其使用各种粗暴的人工干预手段"。

人类应该与其他生物共同享有地球这个家园，为了处理这个问题，人类提出了种种全新的充满想象力和创造力的技术。这些技术手段有一个共有的主线：人类需要时刻保持清醒，知道自己是与鲜活的生命打交道，面对的是一个个生物种群。它们在遭遇压力时会出现抗压的力量，有繁荣之时，也有衰落之时。要实现人类和昆虫的和谐共生，必须正视那些生命的力量，谨慎周密地引领着它们往有益于人类的道路上前进。

当前随意滥施农药的人明显是完全认识不到这些最基本的问题的。任

---

[1] 鼩鼱：外形像老鼠，但吻部细而尖，头部和背部棕褐色，腹部棕灰色或灰白色。捕食昆虫、蜗牛、蚯蚓等，也吃谷物和植物种子。

意向生物体喷洒农药喷雾和粉剂，无疑是一种原始粗暴的举动，就像是山顶洞人挥动棍棒一样。这些生物体虽然娇弱、容易受损，但是又具备惊人的忍耐力和修复力，并且还有不同寻常的报复能力。不加节制地施用农药的人"目光短浅"，没有对自然万物的敬畏，缺乏对生命力量的足够认知。

人类的盲目自大催生出了"控制自然"的念头，这时人类的生物学和哲学还停留在低级阶段。曾经，人类以为自然的存在意义是顺从人类的意志。应用昆虫学的理论和实践多数也发生在科学的蒙昧时代。然而令人忧心的是，这样落后的科学居然与最具威力的现代化武器结合起来，给昆虫带来灭顶之灾的同时也威胁到整个人类世界。

快乐
阅读吧！

中 学 生 课 程 化
名 著 文 库

《寂静的春天》

考点练习手册

SQ3R 阅读法

① 浏览（Survey）

纵览全书的目录、前言、摘要、章节划分等，快速通览，了解整本书的内容框架，建立对整本书的初步印象。

② 发问（Question）

阅读前对自己提问，如：我阅读此书的目的，我想找到什么问题的答案，作者想表达什么，等等。带着目的去读书，可以提升读书的兴趣，提高阅读效率。

③ 阅读（Read）

从头到尾精读全书，过程中可以圈重点，写批注、心得，与原有知识建立联系，加深新知识的印象，完善知识体系。

④ 复述（Recite）

读完某个章节或整本书，独立回忆阅读痕迹，组织自己的语言复述给自己或他人（费曼学习法核心），这样可以自我检查学习效果，巩固记忆。

⑤ 复习（Review）

在复述后复习，及时查缺补漏，梳理重点知识脉络（可做思维导图），温故知新。

1. （2022·山东）下列有关名著的说法不正确的是 （　　）

　　A. 阅读李鸣生的报告文学《飞向太空港》，可以深入了解我国西昌卫星发射中心的航天工作者锐意创新、攻坚克难的航天精神。

　　B. 《星星离我们有多远》从认识银河系到探索河外星系，从使用光学望远镜到运用现代无线电技术，把人类的视野推向距离地球 100 多亿光年的宇宙深处。

　　C. 美国海洋生物学家蕾切尔·卡森《寂静的春天》一书，指出人类工业化造成的海洋污染严重损害了自然环境，第一次对人类改造自然的观念提出了质疑。

　　D. 《昆虫记》是法国昆虫学家法布尔根据观察的第一手资料写成的科普巨著，共十卷。 法国作家罗曼·罗兰称法布尔为"掌握田野无数小虫子秘密的语言大师"。

2. （2021·浙江）以下是"人与自然"专题阅读时摘录的句子，选择与其对应的作品。

　　①野蛮是这个世界的救赎。（　　）

　　②人们恰恰很难辨认自己创造出来的魔鬼。（　　）

　　③你们探索的是死，我探索的是生。（　　）

　　A. 《昆虫记》

　　B. 《沙乡年鉴》

　　C. 《寂静的春天》

3.（2021·江苏）下列对有关名著表述不正确的一项是（　　）

    A.《昆虫记》中法布尔采取观察与实验的方法，实地记录昆虫的生活现象、本能和习性，带给我们不一样的昆虫世界。

    B.《星星离我们有多远》中讲到世界史上第一次子午线实测是由我国唐代天文学家一行（原名张遂）发起并领导完成的。

    C.《红星照耀中国》深入分析和探究了"红色中国"产生、发展的原因，对中国共产党和中国革命做了客观的评价。

    D. 英国作家蕾切尔·卡森在《寂静的春天》中《在海风的吹拂下》这一篇里呼吁我们要做出正确的选择，寻求有效的生物控制的方法。

4.（2021·山东）下面关于名著的叙述，不正确的一项是（　　）

    A. 著名科普作家卞毓麟的《星星离我们有多远》不仅给我们介绍了很多的天文知识，而且穿插了一些天文发现的故事，呈现科学发展的历程。

    B. 美国环境保护运动的先驱蕾切尔·卡森在《寂静的春天》一书中，用一种文艺的形式展现了其关爱自然、反思人类行为，关注生态系统可持续发展的拳拳之心。

    C.《寂静的春天》从古到今，由浅入深，层层展开，不时穿插一些天文发现的故事，既呈现了科学发展的历程，也极大地激发了读者的阅读兴趣。

    D. 纪实作品其基本的特点是用事实说话，或记录历史，或叙写现实，不能凭空虚构。比如《红星照耀中国》就是这样一部作品。

5.（2021·浙江）下面是班级"科普作品·智慧之光"小组阅读成果分享现场。请你参与其中，从《昆虫记》《寂静的春天》中任选一部，

名句积累　　沉重的现实和假想的悲剧可能只在转瞬之间。

结合作品内容，补充丙同学的发言。

甲：科普作品中呈现的科学研究方法闪耀着智慧之光，尤其是"先假设后求证"的研究方法，同学们在阅读中感受最深，让我们一起来分享。

乙：好。我发现，科学工作者往往循着"提出假设 —— 用实验或数据分析等推理求证 —— 得出结论"的路径进行研究。下面，我们请丙同学说一个具体的例子。

丙：_____。

甲：说得真好，这样的研究方法充满智慧。让我们在阅读中获得真知，让科学的光芒照亮自己。

6.（2020·江苏）下列有关文学名著内容的表述，错误的一项是（ ）

A. 《西游记》中孙悟空管理蟠桃园，先偷吃蟠桃，又喝光仙酒，还吃尽太上老君的仙丹，闯下大祸。酒醒后，孙悟空担心玉帝责罚，第二次反出天宫，逃回花果山。

B. 《寂静的春天》第一次对人类征服自然、改造自然的观念提出了质疑，尖锐地指出农药的使用严重地污染了自然环境，对人类的生存构成了极大的威胁。

C. 《湘行散记》将湘西的现实与历史、作者的见闻与回忆、纯净的牧歌情感与包含忧患的思索巧妙地交织，成为沈从文构建"文学湘西"世界的一块重要拼图。

D. 《平凡的世界》是路遥获得诺贝尔文学奖的作品。小说为我们叙说了孙少安、孙少平这对平凡的农民兄弟在苦难生活面前始终坚持奋斗的故事。

7.（2020·浙江）九（1）班进行了名著阅读问卷调查，发现喜欢非文学作品的人数较少。为吸引更多的同学去阅读，请从下列作品中任选一部，写一则简短的推荐语。（　　）

  A.《傅雷家书》

  B.《给青年的十二封信》

  C.《昆虫记》

  D.《寂静的春天》

8.（2020·湖南）下列对名著有关内容的表述，不正确的一项是（　　）

  A.《星星离我们有多远》讲述了"地心说"打败"日心说"的故事，科学解释了"三角视差的限度"问题，介绍了认识银河系到探索河外星系的天文学发展历程。

  B.《红星照耀中国》是一部文笔优美的纪实文学作品，真实记录了美国记者埃德加·斯诺自1936年6月至10月在我国西北革命根据地进行实地采访的所见所闻。

  C.《寂静的春天》揭示了滥用化学药剂对环境人类造成的不可逆的伤害。

  D.《昆虫记》完美地融合了科学和文学，被誉为"昆虫的史诗"。

9.（2020·山西）下列表述有误的一项是（　　）

  A.什么是星座呢？简而言之，古人为了更方便的辨认星空，就用种种想象中虚拟的线条，将天上较亮的那些星星分组联结起来，这些星群便称为"星座"。

  B.《寂静的春天》作者是海洋生物学家蕾切尔·卡森，描写的是"看不见"的污染，看得见的问题，作者呼吁用化学防治的方

忍耐是我们的义务，了解真相更是我们的权利。

法来代替生物物质对昆虫的控制。

C. 什么是子午线？第一次丈量子午线是什么时候？丈量的结果是什么？作者在《星星离我们有多远》一书中对这些问题都一一做了解答。子午线就是地球上通过南北两极的大圈，也叫"经度圈"；第一次丈量子午线是在我国唐朝进行的，是由唐朝一位名叫一行的高僧发起并领导的；测量的结果是子午线每1°弧长为129.41千米。

D. 《昆虫记》一书中主人公是一个个小小的昆虫，它们恪守自然规则，为了生存和繁衍不懈地努力着：筑窝造巢、保护家庭、捕猎食物，这是昆虫生存本能的最高表现。

10. （2022·安徽）阅读下面文本，完成文后小题。

另一条路

【美】蕾切尔·卡森

①现在，我们正站在两条道路的交叉口上。这两条道路完全不一样。我们长期以来一直行驶的这条道路使人容易错认为是一条舒适的、平坦的、超级公路，我们能在上面高速前进。实际上，在这条路的终点却有灾难在等待着。这条路的另一条岔路——一条"人迹罕至"的岔路——为我们提供了最后唯一的机会让我们保住自己的地球。

②其实，我们在化学方式之外，还可以用多种多样的方式来控制昆虫。在这些方法中，一些已经付诸应用并且取得了辉煌的成绩，另外一些正处于实验室试验的阶段，此外还有一些只是作为一个设想存在于富于想象力的科学家的头脑之中，在等待时机投入试验。所有这些办法都有一个共同之处：它们都是生物学的解决办法。

生物运用创造性的法术，慢慢将这些性质稳定的物质变为土壤。

③这些新的方法中有一些非常有吸引力，其试图让昆虫自相残杀，也就是借昆虫自身的力量来毁灭它们的同类。这其中最令惊叹的就是美国农业部昆虫研究所的负责人爱德华·尼普林博士和他同事共同研发的"雄蚊绝育"技术。

④约在二十五年前，尼普林博士由于提出了一种控制昆虫的独特方法而使他的同事们大吃一惊。他提出一个理论：如果有可能使很大数量的昆虫不育，并把它们释放出去，使这些不育的雄性昆虫在特定情况下去与正常的野生雄性昆虫竞争取胜，那么，通过反复地释放不育雄虫，就可能产生无法孵出的卵，于是这个种群就灭绝了。

⑤不过，这些都是室内实验，离实际应用还很遥远。在一九五〇年前后，尼普林博士开始做出极大努力，将昆虫的不育性变成一种武器来消灭美国南部家畜的主要害虫——旋丽蝇。这种蝇将卵产在所有流血受伤动物的外露伤口上。孵出的幼虫是一种寄生虫，靠宿主的肉体为食。一头成熟的小公牛可以因严重感染，十天内死去，在美国因此而损失的牲畜价值估计每年达四千万美元。得克萨斯州某些区域鹿的稀少就是由于这种旋丽蝇幼虫。在一九三三年前后，它们意外地进入了佛罗里达州，那儿的气候允许它们活过冬天并建立种群。它们甚而推进到亚拉巴马州南部和佐治亚州，于是东南部各州的家畜业很快就受到每年高达二千万美元的损失。

⑥一九五四年，在佛罗里达岛上进行了一些预备性现场实验之后，尼普林博士准备去进行更大范围的试验以验证他的理论。为此，与荷兰政府达成协议，尼普林到了加勒比海中的一个与大陆至少相隔五十海里的库拉索岛上。一九五四年八月开始实验，在佛罗里达州的一个农业部实验室中进行培养和经过不育处理的旋丽蝇被空运到库拉索岛，并在那儿以每星期四百平方英里的速度由飞机洒放出去。产在实验公

名句
积累
大自然的欣欣向荣，离不开生物间数量的相对平衡。

羊身上的卵群数量几乎是马上就开始减少了。仅仅在这种撒虫行动开始之后的七个星期内，所有产下的卵都变成不育性的了。很快就再也找不到不管是不育的或正常的卵群了。旋丽蝇确实已从库拉索岛上被根除了。

⑦尼普林博士指出，有效的化学昆虫不育剂"可能会很轻易地凌驾于最好的现有杀虫剂之上"。谁能想象这一情况，一个有一百万只昆虫的群体每过一代就增加五倍。如果一种杀虫剂能杀死每一代昆虫的百分之九十，那么第三代以后还留有十二点五万只昆虫。与之相比，一种引起百分之九十昆虫不育的化学物质在第三代只可能留下一百二十五只昆虫。

⑧征讨旋丽蝇的辉煌胜利激发起将这种方法应用于其他昆虫的巨大兴趣。当然，并非所有昆虫都是这种技术的合适对象，这种技术在很大程度上要依靠对昆虫生活史的详情细节、种群密度和对放射性的反应的认识。英国人已进行了试验，希望这种方法能用于消灭罗得西亚的萃萃蝇。萃萃蝇的习性很不同于那些旋丽蝇，虽然萃萃蝇能在放射性作用下变得不能生育，但要应用这种方法还要首先解决一些技术上的困难。

⑨在当前研究中还有一些很有意义的路子，即利用昆虫本身的生活特征来创造消灭昆虫的式器。昆虫自己能产生各种各样的毒液、引诱剂和驱避剂。这些分泌物的化学本质又是什么呢？我们能否将它们作为有选择性的杀虫剂来使用呢？康奈尔大学和其他地方的科学家正在试图发现这些问题的答案。

（选自上海译文出版社，蕾切尔·卡森《寂静的春天》，有删改）

（1）下列说法与原文意思不相符的一项是（　　　）

　　A. 约在一九五〇年，尼普林博士开始研究将昆虫的不育性变成一种武器来消灭美国南部家畜的主要害虫——旋丽蝇。

B. 尼普林博士认为有效的化学昆虫不育剂"会很轻易地凌驾于最好的现有杀虫剂之上"。绝育技术可以适用于很多种昆虫，英国就利用这一技术来对付萃萃蝇。

C. 在消灭旋丽蝇的战斗中获得辉煌胜利，让人们对于用相同的方法来对抗其他昆虫这一想法生出了极大的兴趣，希望这种方法也能给昆虫防治带来新的思路。

D. 昆虫自己能产生各种各样的毒液、引诱剂和驱避剂，科学家们正在研究能否将它们作为有选择性的杀虫剂来使用。

（2）阅读选文，按括号中的要求答题。

①产在实验公羊身上的卵群数量几乎是马上就开始减少了。仅仅在这种撒虫行动开始之后的七个星期内，所有产下的卵都变成不育性的了。（"几乎"能否删去？为什么？）

_____

_____

_____

②与之相比，一种引起百分之九十昆虫不育的化学物质在第三代只可能留下一百二十五只昆虫。（这句话把杀虫剂与不育的化学物质相比较有什么作用？）

_____

_____

_____

_____

它就像是呈现在我们眼前的一本打开的书，从中可以对大地追根溯源。

（3）阅读下列链接材料，按要求回答问题。

时间	基本情况
1939 年	瑞士化学家米勒发现 DDT 及其毒性
二战时	美国军队中，疟疾病人多达一百万，特效药金鸡纳供不应求。后来，有赖于 DDT 消灭了蚊子，疟疾才得到有效的控制。
1958 年	女作家蕾切尔·卡森接到一封朋友的来信。信中写道，一架喷洒 DDT 的飞机飞过她的私人禽鸟保护区上空，结果她的许多鸟儿都死了，卡森逐渐"意识到必须写一本书"，并立即着手写作。
1962 年 2 月	1962 年，卡森的《寂静的春天》出版，该书以严谨科学的态度与方法，表明 DDT 破坏了生物链，使人患上慢性白血球增多症和各种癌症。
1972 年	DDT 正式在美国被禁止使用。

DDT 的应用和被禁止折射着人类对科学认识的变化。结合材料和作品相关内容谈谈你对"科学"的认识。

_____

_____

_____

（4）选文希冀从虫性出发，去寻找解决问题的办法，而《昆虫记》则透过昆虫世界折射出人生，如把螳螂比作心理学家，把萤火虫比作技艺高超的麻醉师。请你联系《昆虫记》，说说法布尔为什么会把萤火虫比作技艺高超的麻醉师。

_____

_____

11. （2019·江苏）名著阅读。

　　阅读是一次独特的探索过程。 在阅读中我们一起探索自然与社会的奥秘，也反思我们和自然的关系。 下半学期我们推荐阅读了《寂静的春天》《星星离我们有多远》两本书，请你结合其中一本书，说一说人类与自然的关系。（80 字左右）

_____

_____

_____

（注：因编校规范需要，真题略有改动；名著选段为原真题的版本，译名及句式与本书的翻译可能存在差异，特此说明。）

名句积累　　每一个活细胞都像是一团燃烧的火苗，通过燃烧去为生命体供能。

一、选择题

1.《寂静的春天》中提到，在氯代烃类杀虫剂中，哪一种毒性最强？（　　）

    A. DDT

    B. 异狄氏剂

    C. 狄氏剂

    D. 艾氏剂

2.《寂静的春天》中提到，_____是用途最广泛的有机磷酸酯之一，药效最好、毒性也最大。

    A. 敌敌畏

    B. 百草枯

    C. 马拉硫磷

    D. 对硫磷

3.《寂静的春天》一书中，密歇根州政府空中喷洒艾氏剂防治日本甲虫的原因是（　　）

    A. 毒性最轻

    B. 在可选择范围内最便宜

    C. 防治效果最好

    D. 易于挥发

4.《寂静的春天》一书中，美国曾为了防治榆树病给榆树喷洒了大量的药物，_____在吃了当地带毒的蚯蚓后大量死亡。

    A. 知更鸟

    B. 八哥

    C. 麻雀

    D. 鹦鹉

5.《寂静的春天》中提到，下面哪一项不作为除草剂使用？（　　　）

    A. 五氯苯酚

    B. 氨基三唑

    C. 亚砷酸钠

    D. 氯丹

6.《寂静的春天》中提到，一切生物体都是由_____供给能量的。

    A. 酶

    B. 线粒体

    C. ATP

    D. ADP

7.用_____和_____会使植物发生严重的畸变，其根部长出像肿瘤一样的块状突起物。

    A. 硝基盐酸　　　七氯

    B. 六氯化苯　　　六氯环己烷

    C. 氯丹　　三氧化硫

    D. 二硝基酚　　　五氯苯酚

名句
积累　　　　雌蚊振翅发出的声音对雄蚊来说就像海妖的歌声一样诱惑。

8. 原产于欧洲的舞毒蛾，在美国的历史接近（　　）年。

　　A. 50

　　B. 80

　　C. 100

　　D. 200

9. 《寂静的春天》一书中，鲑鱼洄游产卵的活动让加拿大的米拉米奇河成为北美鲑鱼最好的产地之一，但后来这种活动被破坏了，破坏的原因是（　　）

　　A. 河水里的水生昆虫被杀死

　　B. 云杉蚜虫的灭绝

　　C. 天气非常寒冷

　　D. 一场热带风暴

10. 根据《寂静的春天》中的描述，下面哪一种昆虫不属于捕食性昆虫？（　　）

　　A. 草蜻蛉

　　B. 螳螂

　　C. 瓢虫

　　D. 跳蚤

11. 《寂静的春天》第十六章《雪崩声隆隆作响》中提到，有很多的昆虫都具备了抗药性。以下哪一种昆虫还没有出现抗药性表现？（　　）

　　A. 墨蚊

　　B. 家蝇

　　C. 鼠虱

D. 苹果卷叶蛾

12.《寂静的春天》一书中，作者提到从昆虫的习性中寻找出对付它们的方法，是非常值得关注的新思路。以下哪一项不属于这种新思路？（   ）

    A. 利用雌性舞毒蛾会分泌出奇特的芳香物质的特性，从雌性舞毒蛾身体中获取引诱物质，并研制出"舞毒蛾诱导剂"

    B. 向榆树小范围喷洒农药

    C. 依靠病原菌芽孢引发的牛奶病解决日本甲虫问题

    D. 引进蚜虫的天敌治理斑点紫花苜蓿的虫害

二、填空题

1.《寂静的春天》是_____国作家_____的作品，它第一次对人类_____、_____的观念提出了质疑，尖锐地指出了农药的使用严重污染了_____，对人类的生存造成了巨大的威胁。

2.《寂静的春天》一书指出，_____杀虫剂干扰生物体的方式是特别的，是通过破坏生物体内的酶，而酶在生物体的生命活动中是不可缺少的。

3.《寂静的春天》一书提出，_____所组成的地球的绿色斗篷，一起为地球动物的生存提供保障。

4.《寂静的春天》一书中，作者将杀虫剂分成两类：一类是DDT为代表的_____，另一类是更常见的马拉硫磷和以对硫磷为代表的_____。

5.《寂静的春天》一书中，作者指出人类在制订昆虫治理规划时有两个事实没有考虑到：第一个是大自然对昆虫的_____不是人力所能比的；第二个是在环境阻力大幅衰减的情况下，某些生物就会_____。

6.《寂静的春天》一书中，使动植物成为受诅咒的"美狄亚长袍"，将那些触及它的昆虫送往地狱的是_____杀虫剂。

7.《寂静的春天》一书中提到，在所有的水污染问题中，_____的大面积被污染尤其可怕。

8.《寂静的春天》一书中提到，最早发现与癌有关的农药之一是_____，它以_____作为一种除草剂出现。

9.《寂静的春天》中，美国东部各州在未使用杀虫剂的情况下也成功防治住了日本甲虫，他们通过引进寄生性的_____和_____引起的疾病等手段控制住了日本甲虫。

10.《寂静的春天》一书中，作者主张人类的生物治理应该向_____学习。

11.《寂静的春天》中，德国生物化学专家奥托·沃伯格教授指出，_____和_____会干扰细胞的正常呼吸，使得细胞缺乏能量。

12.《寂静的春天》一书中提到两类具有不同活动特征的昆虫，一类是捕食其他昆虫为生的_____，另一类是不直接杀死宿主，而是想尽办法把自己的幼虫寄生在宿主身上的_____。

三、判断题

1. 美国海洋生物学家蕾切尔·卡森在《寂静的春天》一书中描述了一个静谧、美丽的春天，因此来呼吁人们要有环保意识。（   ）

2.《寂静的春天》一书提到，火蚁之所以叫这个名字是因为被它叮咬后会产生灼烧感。（   ）

3.《寂静的春天》一书中提到，DDT 与其他氯代烃化合物不同，粉末状态下不易穿透皮肤，但溶于油剂就会毒性大增。（   ）

4.《寂静的春天》一书中提到，波西瓦尔·波特先生首次注意到外界环境因素与人体病变间存在关联，即经常呼吸、食用或者皮肤接触某些化合物会引发癌症。（   ）

5.《寂静的春天》一书中，作者提出谢尔顿市利用农药剿灭日本甲虫的行动是十分有效的，虽然它在一定程度上破坏了自然环境。（   ）

6.《寂静的春天》一书中，作者肯定了无害化的生物治理，并认为生物治理要有大局观，不能以消灭某种植物为目的，而要考虑到整体生物族群。（   ）

人类最不会辨认的，就是自己所创造出的恶魔。

7. 《寂静的春天》一书中，弗兰克·艾格勒博士提出的"精准喷药法"，是运用"大多数灌木都具有抵制乔木侵入的特性"这一自然规律来治理道路两侧及周边灌木丛。（   ）

8. 《寂静的春天》一书中，作者使用了大量的专业术语，是为了证明科学一定能够战胜自然这一现实。（   ）

9. 《寂静的春天》一书中，美国首次引进法国南方的两种甲虫来治理克拉马斯草，是利用昆虫进行生物治理在北美洲的首次实践，具有里程碑意义。（   ）

10. 《寂静的春天》一书中提到，长期暴露在化学药品中，哪怕剂量非常小，也会使人类不断在体内积累有害物质，直到积累到一定量之后毒素发作。（   ）

11. 《寂静的春天》一书中，作者引用癌症研究领域的权威——修珀博士的观点，主张人们应该把希望放在治愈癌症上。（   ）

12. 《寂静的春天》一书中提到，希腊的萨氏按蚊是最早产生 DDT 耐受性的疟蚊。（   ）

四、简答题

1. 《寂静的春天》书名是什么意思？作者借此想警告世人什么？

_____

_____

_____

2.《寂静的春天》中，作者为什么称"杀虫剂"为"杀生剂"？

_____

_____

3. 有人认为，法布尔的《昆虫记》蕴含着求真求实的科学精神。《寂静的春天》同样蕴含了这种科学精神，请结合具体内容作简要分析。

_____

_____

_____

4. 结合具体内容说一说为什么《寂静的春天》被称为一本"具有划时代意义的著作"。

_____

_____

_____

5. 科普作品或多或少会采用生动的文学手段来介绍科学知识，请结合《寂静的春天》具体内容作简要分析。

_____

_____

_____

五、阅读题

（一）阅读下面一则材料，回答相关的问题。

生物学家卡尔·P. 斯旺森是霍普金斯大学的教授，他说："每一门

名句积累　　科学面前应该谦虚慎重，而不可自负自大。

科学就像是一条河，说不清源头所在，毫不起眼，水流时缓时急，有时缺水，有时涨水。当研究人员不断付出努力，并且有很多思想源流加入进去，河水变得越来越湍急。当新的观点和理论逐渐形成，河水就会变得更宽、更深。"

1. 上述文字选自_____。

2. 结合具体内容，任选一角度，谈谈你对上述文字的理解。

_____

_____

_____

（二）阅读下面甲、乙两段材料，完成相关的小题。

甲

单从外表上来看的话，螳螂不但不令人生畏，反而看上去很美丽。它的姿态纤细而优雅，体色是淡绿的，长翼轻薄如纱，灵活的颈部使得它的头可以朝任何方向转动。……面对着送上门来的大餐，螳螂毫不客气。就在蝗虫移动到螳螂的活动范围之后，螳螂立刻发动袭击，毫不留情地用它的大钳子使劲地击打着可怜的蝗虫，同时用小腿将它压紧。这样，无论蝗虫怎样负隅顽抗，都是无用之功。接下来，就是进餐时间了，胜利者开始咀嚼战利品。对于这样的结局，螳螂想必是满意的。它有一个信条永不改变，那就是像秋风扫落叶一样地对待敌人。

乙

但是人类总是要等到失去自然的保护之后，才能认识到自然天敌的存在价值。大部分人不会留心观察身边的自然环境，也看不到大自

染色体变成很长的丝状，基因就像是串在这丝线上的一颗颗珠子。

然的美丽与神奇，忽略掉生活在人类四周的各种奇特的昆虫。所以，能够讲清楚捕食昆虫和寄生昆虫活动特征的人是非常少见的。也许我们曾见到过花园灌木中外形怪异、长相吓人的昆虫，曾听说过螳螂捕食其他昆虫的事情。但是只有亲自在夜晚中照着手电筒来到花园，观察螳螂小心翼翼地接近猎物，才会有更深刻的认识，才会知道捕食者和被捕食者之间的关系，才可以体会到大自然冷酷的控制作用。

1. 甲、乙两段材料分别选自 A、B 两部科普作品，请在括号里填入正确的选项。

A. 蕾切尔·卡森的《寂静的春天》

B. 法布尔《昆虫记》

甲材料节选自（　　　）　　　　乙材料节选自（　　　）

2. 比较阅读甲、乙两段材料中对螳螂的描写，谈一谈作者表达的感情有什么不同。

_____

_____

_____

（三）阅读下面的文本，回答相关的小题。

覆盖在地球表层的薄薄的土壤就像是一块块补丁，对人类和其他动物的生存发挥关键的控制作用。陆上的植物不能离开土壤而生长；动物也不能离开植物而存活。

假如说靠农业生存的生物离不开土壤，那么土壤也一样离不开自然界的生物。土壤的来源和性质与当地存活的动植物是有很大的相关

成群的水禽在夜空中边飞边叫，仿佛一条浮在空中的绸带。

性的。从一定程度上来讲，上亿年前生物与自然环境之间的神奇互动，创造了土壤。炽热的岩浆从火山口涌出，最坚硬的花岗岩承受着河水的冲刷，严寒使得岩石碎裂，这些过程带来了形成土壤的原始物质。接着，生物运用创造性的法术，慢慢将这些性质稳定的物质变为土壤。最早覆盖岩石的是地衣，它们分泌出酸性物质促进岩石分化，为其他生物提供容身之处。原始土壤的缝隙中长出苔藓，而这种土壤是由地衣碎屑、细小昆虫的外壳以及海生生物的残尸一起构成的。

　　生物创造了土壤，然后在土壤上演化出多种多样的生命形式，使土壤不再是死气沉沉、毫无生机的东西。正是有了这些生物及生物活动，土壤才能养育出绿化大地的植物。

　　土壤处于一种不断重复的循环，永远都在发生改变。随着岩石分解、有机物腐烂分解、降水把氮气等气体带到地面等过程，土壤中不断有新物质增加，同时原有的物质也会被生物利用而消耗掉。既微妙又重要的化学反应无时不在进行，植物从空气和水中吸取原料转化成自身需要的物质。这一切的变化都离不开生物的积极参与。

　　大量生物在不见光的土壤王国内部生存，对它们的研究非常有趣但往往被忽视。关于土壤有机物间的关系以及它们与地上地下环境的关系，我们了解的十分有限。

　　肉眼不可见的细菌和丝状真菌，很有可能是土壤中最要紧的生物。它们的数量多到要用天文级的数字来计量，一茶匙表层土壤里就含有上亿个细菌。尽管这些细菌个体极其微小，但在一英亩肥沃田地的一英尺厚的表层土壤中，全部细菌加起来可能有一千磅重。放线菌呈现出菌丝的形态，数量比细菌少，但是形体较大，所以在相同体积的土壤中，两者的总重量大致相当。它们再加上藻类这种绿色单细胞生物，便构成了土壤中的所有植物生命。

　　细菌、真菌和藻类是动植物腐烂分解的主要推手，将动植物残骸分解成无机物质。离开这些微生物，碳、氮等元素就不能在土壤、大气和生物体之间循环。例如，假若没有固氮细菌，植物就算是被含氮空气包围，也会因缺氮而枯死。另有一些有机体产生二氧化碳，然后转化成碳酸，加快岩石的分解。土壤中还有一些微生物促进着各种氧化及还原，将铁、锰、硫等天然矿物质变成可供植物吸收的形态。

土壤中微小的螨类和一种叫作跃尾虫的原始无翼小虫子也大量存在。尽管它们体型微小，但在分解植物残骸、消解树林地表杂物等方面却发挥着很大的作用。其中某些微生物的"力量"让人吃惊。比如，云杉落叶中寄生着某些螨虫，它们以针形落叶的内部组织为食。等螨虫长大，落叶也变成了一个空壳。土壤和树林中的落叶几乎都由这些微小的昆虫处理掉。它们软化、分解树叶，并加快新生物质与表层土壤的混合。

在这类数量巨大忙个不停的微小动物之外，土壤中也存在着许多体型更大的动物。从细菌到动物的完整生物谱系都存在于土壤当中。其中一些是永久存身于黑暗的地表土壤的，另有一些只是在地洞里过冬或者在生命的某一段时间存身地下。总之，土壤中的动物活动增加了土壤里的空气，加快了水分在植物生长层的疏导和渗透。

蚯蚓在个体较大的土壤动物中或许是最重要的。一八八一年，查尔斯·达尔文的《腐殖土的形成与蚯蚓的作用》出版。在这本书中，达尔文第一次向人们介绍了蚯蚓所具有的搬运土壤的重要作用。他这样描述到：蚯蚓从地下搬到地面的细颗粒土壤渐渐盖满岩石，在条件适宜的地方，蚯蚓在一英亩土地上每年搬运数吨重的土壤。与此同时，蚯蚓还把树叶和草中的大量有机物质（每平方米土地在半年产生二十磅）带入地下，混入土壤。达尔文的计算结果显示，经过十年时间，蚯蚓使表层土壤变厚一英寸到一英寸半。除了使土壤变厚，蚯蚓还有别的益处：疏松土壤使空气进入，提高土壤的排水能力，促进植

名句积累　　大群水母像是不停颤动的幽灵一样的物体，随海水流动，绵延几英里。

物的根系生长。 还有，蚯蚓可以提升土壤细菌的硝化作用，减缓土壤肥力的衰退。 有机物质在蚯蚓的消化系统中被分解，排泄到土壤中增加肥力。

土壤和生物的关系紧密，共同组成一个整体网络：生物离不开土壤，而土壤也离不开生物。 这样它才能成为地球的一个重要部分。

（节选自蕾切尔·卡森《寂静的春天》）

1. 下面对选文内容的理解与分析，不正确的一项是（　　　）

A. 生物离不开土壤，而土壤也离不开生物。 如果没有生物，土壤也只是贫瘠的存在。

B. 如果没有固氮细菌，植物在充满氮的空气中也会因为缺氮而枯死，这体现出固氮细菌在循环运动中的重要作用。

C. 蚯蚓不停地搬运土壤，把树叶和草中的大量有机物质拖入地下，使土壤变得松软肥沃，这说明蚯蚓在个体较大的土壤动物中非常重要。

D. 选文采用了"总—分—总"结构，先总说土壤的重要性，再分说土壤中的生物活动，最后总结较大生物对土壤的作用，逻辑严密。

2. 为了说明土壤中的"生物"积极参与土壤的变化，作者使用了哪些说明方法？ 选择其中两种作简要分析。

_____

_____

_____

真题回顾

1. C

2. ① B   ② C   ③ A

3. D

4. C

5. （示例一）《昆虫记》中，法布尔提出了蝉的歌唱与爱情无关这一假设。之后他多次实验，发出各种声音，但雌蝉都没有任何反应，得出蝉的听觉很迟钝，蝉的歌唱只是表达生命乐趣的手段，与爱情无关这一结论。

（示例二）《昆虫记》中，法布尔提出大头黑步甲会因地表环境改变而采取假死之外逃生方式的假设。之后他多次实验，把大头黑步甲放在木头上、玻璃上、沙土上，还有松软的泥土地上，发现它始终采取假死的方式，于是得出假设不成立的结论。

（示例三）《寂静的春天》中，卡森提出了滥用杀虫剂将导致出现"寂静的春天"这一假设。之后她深入搜集和整理化学杀虫剂危害环境的证据和有关研究的文献，使用了大量翔实的数据，经过分析整合后，最终证实杀虫剂残留的确会造成诸多危害，假设成立。

6. D

7. （示例一）我推荐《傅雷家书》。两地书，父子情。傅雷通过书信的形式关心在外求学儿子的生活、事业，与儿子谈做人、文学、艺术等话题，指导、激励儿子做德艺俱备，人格卓越的艺术家。阅读

名句
积累

每一门科学就像是一条河，说不清源头所在，毫不起眼，水流时缓时急。

这本书，我们能获得思想的启迪、艺术的熏陶，懂得做人的道理，还可以学习如何和父母沟通相处。

（示例二）我推荐《给青年的十二封信》。这本书与青年人谈人生修养，谈文学、谈艺术、谈学习生活等，亲切平等的对话方式、优美的散文笔调、生动的比喻说理，把深刻的人生道理讲得有理有趣，给我们指明人生的方向，解决生活中的难题。

（示例三）我推荐《昆虫记》。这本书会带你进入一个有趣的昆虫世界，文中有会心理战的螳螂、被称为"吝啬鬼"的杨柳天牛、做苦工的蝉等有趣的昆虫。阅读这本书，能让你在紧张的学习之余获得片刻放松，还可以学到科学知识，又可以跟法布尔学写作。

（示例四）我推荐《寂静的春天》。明天的寓言、死神之药、消失的歌声……你一定会被书中描述的现象所震惊。本书用众多的真实案例、数据分析论证了农药对自然及人类自身的危害，对人类提出警告。作者研究的方式、分析的方法有益于培养我们的实证精神，也让我们对化学药品的使用更谨慎。

8. A

9. B

10. （1）B

（2）①不能删去。"几乎"是"差不多，接近"的意思，如果删去，就变成产在实验公羊身上的卵群数量马上就开始减少了，与事实不符。"几乎"一词的使用，体现了说明文语言的准确性。所以，不能将其删去。

②通过列数字，作比较，突出生物防治（使用不育的化学物质防治）的巨大优势。

（3）（示例）科学是一把双刃剑，在造福人类的同时，也可能对人类的健康和生存构成威胁；科学对人类的益处通常是很明显而且十分巨大的，而其危害往往是隐性的和长期的，由于科学认识的不足，人们往往需要很长时间才能认识到其危害。

（4）因为萤火虫用它的工具屡次轻击蜗牛的外套膜。它的一举一动都很温柔，看起来不像是叮咬，而是毫无恶意的亲吻。就像小伙伴之间嬉闹扭打的时候，会经常用手指尖轻捏对方一样，根本看不出它是在捕杀猎物。

11. 有理有据，语言畅达即可。

（示例一）人类要发现、探索自然。大自然是奇妙无比的，它蕴含着许许多多不为人知的秘密，等待我们去发现，去探索。如《星星离我们有多远》，天文学家凭着不懈的努力，借助天体送来的微弱光芒，探索百亿光年的巨大空间，这是人类无穷智慧的象征。

（示例二）人类要保护自然、敬畏自然。如《寂静的春天》，人类开发DDT等剧毒杀虫剂并不顾后果地执行大规模空中喷洒计划，导致鸟类、鱼类和益虫大量死亡，而害虫却因产生抗体而日益猖獗。化学毒性通过食物链进入人体，诱发癌症和胎儿畸形等疾病，这唤起了人们的环境保护意识。

模拟演练

一、选择题

1. B	2. D	3. B	4. A	5. D	6. C
7. B	8. C	9. A	10. D	11. A	12. B

二、填空题

1. 美　蕾切尔·卡森　征服自然　改造自然　自然环境

名句积累　要实现人类和昆虫的和谐共生，必须正视那些生命的力量。

2. 有机磷酸酯

3. 水、土壤以及绿色植物

4. 氯代烃化合物　　有机磷杀虫剂

5. 控制能力　　爆发式地繁殖

6. 内吸

7. 地下水

8. 砷　　亚砷酸钠

9. 黄蜂　　细菌

10. 自然

11. 放射线　　化学致癌物

12. 捕食性昆虫　　寄生性昆虫

三、判断题

1. ×　　2. √　　3. √　　4. √　　5. ×　　6. √

7. √　　8. ×　　9. √　　10. √　　11. ×　　12. √

四、简答题

1. 书名的意思是人类在滥用化学药物杀死昆虫的同时，必将危及地球其他生物乃至人类的生存，最终会导致春天里出现"鸟儿不再歌唱，鱼儿不再跳跃于水中"的毫无生机的、死气沉沉的可怕景象。作者借此向世人提出严正警告：滥用化学药物破坏自然生态，人类将会遭到自然的报复，导致灾难的发生。

2. 人们把一些昆虫称为"害虫"，然后研制出化学制剂，想把它们全部杀死，然而在杀死一部分"害虫"的同时，也杀死了食物链上的其他生物，并进而威胁人类自身的生命安全。因而作者称这些杀虫剂为"杀生剂"。

3.《寂静的春天》中，作者卡森以大量的事实和科学知识为依据，揭示了滥用杀虫剂和除草剂等化学药物对自然环境所造成的全球性破坏及对人类健康造成的永久性、不可逆转的危害。整本书既贯穿着严谨求实的科学理性精神，体现出用大量调查，用实时数据和统计资料来佐证的科学思维，又充溢着敬畏生命的人文情怀。

4.《寂静的春天》详尽地讲述了以DDT为代表的杀虫剂的广泛使用，并从陆地到海洋，从海洋到天空，全方位地揭示了化学农药给我们的环境所造成的巨大的、难以逆转的危害。因为它第一次严肃质疑了人类征服自然、改造自然的观念，尖锐地指出化学药物的使用严重地污染了自然环境，对人类的生存构成了极大的威胁，所以被认为是一本"具有划时代意义的著作"。

5.《寂静的春天》以寓言开头，向我们描绘了一个美丽村庄的突变。这些突变全部来自于一个词语——杀虫剂。在展现环境被破坏时，书中运用对比的修辞手法，先描写遍布道路两侧的植物和野花，数量众多的鸟群，清爽明净的小溪，绿荫掩映、鳟鱼戏水的池塘，展现出城镇中一幅田园牧歌式的美丽风景图，与蔓延着死亡气息的小镇形成对比，激起读者的阅读兴趣。

五、阅读题
（一）1.《寂静的春天》
2.（示例）上述卡尔·P. 斯旺森教授说的话运用了比喻的修辞手法，把科学比作为河。这段话的意思是：任何一门科学始于朦胧的开

名句
积累
动植物成为受诅咒的"美狄亚长袍"，将那些触及它的昆虫送往地狱。

端后，都会经历一段发展或快或慢或者停滞不进的迂回时期；任何一门科学要获得纵深的发展，就需要研究人员不断付出努力和其他思想源流的加入。《寂静的春天》中，现代生物防治科学是一门原始的科学，在一百年前人们就曾有生物方法防治害虫的尝试和实践。而这门科学技术在某些时间段进展迟缓，甚至是完全停滞，在某些时间段又发展迅猛。当一些科学家认识到滥用人工化合物药剂对人类的坏处时，致力于相关研究，生物防治这条科学河流就有了新的思想源流，迎来"涨水"。

（二）1. B　　A

2. 甲材料中，作者着重于对螳螂的动作描写，展现了螳螂捕食小蝗虫的一幕，不仅生动形象地体现了螳螂的英勇凶猛，表达了作者对螳螂的赞美和对生命的热爱，还巧妙地借用昆虫折射了人类的一些特性。

乙材料中，作者借螳螂来赞美大自然的自我控制能力，并借此表达对人类漠视昆虫活动能力、用农药等破坏昆虫活动环境的批判、愤怒之情。

（三）1. D

2. 以下说明方法任选其二即可。

①分类别。作者将积极参与土壤变化的生物分为细菌、真菌、藻类、螨类、跃尾虫等小的微生物和以蚯蚓为代表的个体较大生物来说明它们对土壤的作用，条理清晰，层次分明。

②打比方。如"覆盖在地球表层的薄薄的土壤就像是一块块补丁，对人类和其他动物的生存发挥关键的控制作用"，将土壤比作补丁，生动形象地说明了土壤对人类和其他动物的生存的重要作用。

名句
积累

生物离不开土壤，而土壤也离不开生物。

③列数字。 如"尽管这些细菌个体极其微小，但在一英亩肥沃田地的一英尺厚的表层土壤中，全部细菌加起来可能有一千磅重"，"一英亩""一英尺""一千磅"这些数字准确客观地反映出土壤中的细菌数量众多。

④引用。 文章引用了达尔文对蚯蚓的研究结果，有力地说明了蚯蚓对土壤的重要性，增强了说服力。

⑤作假设。 如"假若没有固氮细菌，植物就算是被含氮空气包围，也会因缺氮而枯死"，此处运用假设，让读者明白如果没有固氮细菌会发生什么情况，以此来说明这些固氮细菌的重要性，增强了说服力。

⑥举例子。 作者以一些螨虫在掉下的云杉落叶里的活动为例来说明微小生物软化、分解树叶的"力量"是让人吃惊的，使意思更明确，更易于理解。

基因比个体的生命更加珍贵，它连接了人类的过去、未来和当下。